日常菇事

一個真菌學家的自然微觀書寫

THE PLACES WHERE THE MYCELIUM RUN THE STORY

作者 ———— 顧曉哲

積木文化

CONENT

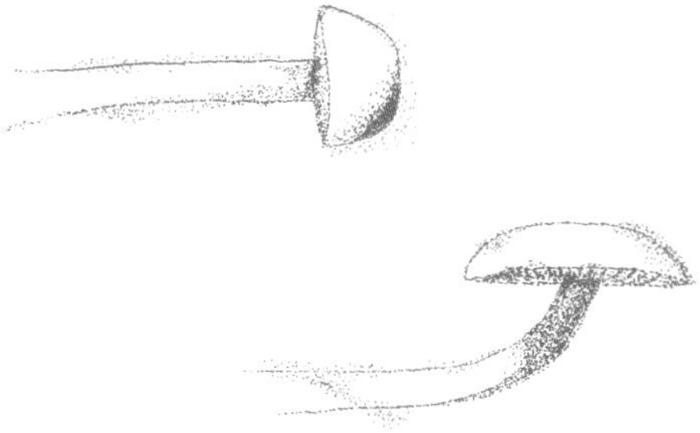

第五部　在任何地方與真菌的相遇

前言

屈指一算，到底我一頭栽進真菌的研究領域有多久了？才驚覺就算手指腳趾都用上，也已經無法應付「屈指一算」了。這麼久的時間，你也許以為我很懂真菌了，但是，其實不然，反倒是知道得越多，懂得卻越少。對真菌這個研究領域來說，我永遠都是初學者。

第一次接觸到「真菌」這個物種，我就深深被它吸引，無論是各種外型與顏色，或是相關的文化與歷史，以及一次又一次令人驚嘆的科學研究結果。研究真菌的時間很長了，卻總是覺得還不夠久，所以也就從來沒有停歇過，即便已經離開學術單位，自己還是窩在一間親手打造的實驗室裡，就像漫畫卡通裡常出現的實驗室怪博士一樣。小時候總會覺得那個怪博士很酷，自己埋頭研究發明許多東西，然後腦袋裡裝滿了無止境的想法與怪點子，也許哪一天，自己長大也可以變成這樣。長大後，自己好像變得很接近這樣的角色，至少「怪」的部分是，才體認到為什麼怪博士沒有變成受人景仰的大學教授，為什麼怪博士沒有變成科技部長，原因可能就是「怪」真的是上不了檯面，就跟真菌一樣怪，所以一直被忽略遺忘，至今仍走不進主流學術。

但是，想要讓大家能了解多一點這個「火鍋必備料」的心情一直沒有改變，這次沒有「偉人」帶路，因為「偉人」帶的路，是前往「大成功」的路，總是擠滿了人，塞滿了車，要慢慢用心欣賞沿路風景根本不可能。所以這一次，我就自告奮勇，帶大家走一趟通往些微了解真菌的祕徑，沿途的歡樂含量超出想像，沿途的熱血指數超出預期，至於最後有沒有到達目的地已經不重要了，因為路徑上的點點滴滴才是重點。重點是過程，而非終點。

為什麼研究真菌？

時序回到二〇〇八年一月四日，那天的我一身西裝。因為鮮少穿西裝，所以這一身服裝實在讓我很不自在，那條勒住脖子的領帶實在讓我渾身彆扭，但又不得不穿，因為那是我生命中重要的一天，為了表達我對這天的重視，我一定要、也必須要盛裝出席。

這一天是我的博士班畢業口試。英國的口試制度安排，會有兩位口試委員，一位會由校內的教授擔任，另一位則是來自校外的教授。兩位都是在個人研究領域裡頗具盛名的教授。而我的指導教授，在這一刻是無法參與的，因為學位規範有明確指出指導教授不能參加所指導學生的口試場合。所以，這一場口試，沒有人會，也不能「護航」，也沒有所謂「看在面子上」、「見面三分情」這些事，更不會有吃吃喝喝的場景上演，因為桌上只有水可以喝。但是當下真的希望桌上能有一瓶蘇格蘭十八年或以上的威士忌該有多好，這樣口試應該會進行得更加順暢才是。但是，威士忌這件事也許夢裡會有，這場口試卻只能靠自己，我才是主角，不是威士忌！還記得口試前，我的博士班指導教授老尼克拍拍我的肩膀說：「你這麼努力，一定可以的」，「雖然我們學校有百分之二十五的失敗率」。聽到後面那一句，我睜大眼睛看著老尼克，心想：「一定要加上那一句嗎？」

接下來是五個多小時的馬拉松式口試時間。結束後，我其實已經忘記了大部分口試委員所提出的問題，也忘記了我是如何答辯大部分的問題。不過，那個校外口試委員問我的第一個問題，我卻一直深深牢記著，因為那個問題，讓我的短短幾年研究生涯，以跑馬燈的速度在不到一秒的時間內閃過我的腦袋，而那一秒就像沒有止境一樣。

口試委員問我：「為什麼研究真菌？」

如果你曾經讚嘆形形色色的動物之美，曾經驚嘆多采多姿的植物之麗，那麼我相信你一定會對五花八門千奇百怪的真菌傾倒。不過這時，相信你的腦袋裡已經出現問號了。

「真菌是什麼鬼東西啊？」

就跟所有的真菌書籍一樣，「真菌」這個詞一定要一而再、再而三地在每一次提及的時候，做或多或少的解釋。原因就是，在都市裡的它們大部分時間都很低調，所以我們不易察覺。但事實上，真菌到處都是，就生活在我們周遭，就連空氣中都是，又與我們的日常生活息息相關，而且一直影響著我們的文化與歷史。只是，我們對真菌還是了解不多。

雖然這樣強調，也解釋了一番，不過，相信你心裡還是有一句話一直冒出來：「好吧，好吧，我知道了，現在可以告訴我怎麼吃它們了嗎？」當然，我們還是最關心吃的部分，那是人之常情。在現代，你只要走進超市的生鮮部，經過了肉品展示區，來到了蔬菜展示區，在蔬菜展示區裡，你就可以找到新鮮菇類。但是，你可能不知道，菇類不是蔬菜，而且，如果將菇類放置在肉品展示區，也許還比較恰當一些。話說到這裡，你是不是覺得你知道菇（對！你的火鍋料食材！），但是可能不太了解它們？

除了生鮮菇類，廚房裡如果少了真菌，即使是最神奇且具有魔力的廚房，家庭煮婦／煮夫們也只能滑滑手機看看美食照片和最新的廚房器具與設備，但是對於變出美味的食物卻束手無策。沒有真菌的幫忙，就沒有醬油、味噌、麵包、乳酪以及米酒。沒有真菌的幫忙，我們去酒吧可能只喝水跟鮮奶（這樣說可能有點誇張，但是在芬蘭，幾乎每一家酒吧都有賣鮮奶），在家聚餐可能只有氣泡水可以讓賓客盡興了。因為成就啤酒與葡萄酒，在人類社交上扮演重要角色的這些酒精性飲料，都是真菌的傑作。除了這些，真菌（也指菇類）富含蛋白質與人體不能分解吸收的多糖類，菇也是低脂肪（含有一些健康的不飽和脂肪酸）食物。不同於肉類，真菌是貨真價實最健康的蛋白質來源食物，但是，如果你讓真菌長在不健康的環境裡，那麼它們給你的不健康將會是加倍奉還。

真菌對環境所含的物質以及改變非常敏感，所以空氣中的汙染物以及生長基質當中的重金屬或汙染物質，就可能被真菌吸收而累積在細胞內，所以採菇或是培養菇的地方如果不乾淨，那麼所採集或是新種出來的菇類就食用不得。真菌可以分解號稱「地球上最強有機物」的木質素，如果沒有真菌，死去樹木上的木質素，就不能完全被分解，自然界的碳循環會因此大打折扣。真菌的「自然界清道夫」特性，已經被用來處理一些棘手的人為汙染問題，例如，廢棄石油與塑膠垃圾的可能處理方案。但是，千萬不要因為這樣就喜出望外，以為找到了處理汙染的方法了，可以開始亂丟垃圾了？其實，我們汙染環境的速度遠大於微生物可以處理的速度，雖然應用真菌處理汙染事件看似一個不錯的解決方法，但是仍然是杯水車薪，我們還是需要謙卑地對待環境，繼續為改善環境努力。

和「香菇博士」一起出發吧

劈哩啪啦講了一堆真菌的事，也許你已經有一些概念了，或者只記得「芬蘭的酒吧有賣牛奶」這件事也無妨。我就試圖用自己這幾年與真菌接觸的一些親身體驗，雖然稱不上什麼厲害又偉大的經歷，但是這平易的過程相信一定可以一步一步為大家解釋真菌這個了不起的生物。另外，也要提醒的就是，這本書不是野外尋菇的指導書，所以裡面沒有美美的菇菇沙龍照，也沒有魔法地圖標示著神奇菇類的所在位置；這本書也不是菇類辨識或是鑑定指南，所以腦子裡想的是圖鑑，以及想要解析所有不同菇類細部結構的讀者也請慎入；這本書也不提倡藥用真菌使用，裡面講到藥用真菌的篇幅少得可憐；這本書也不是菇菇童書，雖然裡面偶有出現一些稚氣（腦洞？）的對話，因為只有大人才會裝稚氣，小孩其實才是真正的智者；這本書當然更不可能是食譜。但是，如果你是想了解真菌的，恭喜你，這會是你要的書，雖然不完美，但很用心。

好了，再回到口試的那一天，口試委員問我：「為什麼研究真菌？」我當然不是不小心跌進這個領域的；也不是別人在後面推，然後身不由己地變成了真菌專家（對於這個領域永遠學不完的知識，專家對我來說是個沉重的身分）；也不是跟著別人的安排，自己沒什麼特別喜好，所以選了跟真菌有關的題目。我是很認真地選了真菌作為未來志業的方向，這志向要夠堅固才能走遠，因為我常常遇到以下的對話：

「你是念什麼的呢？」

我：「我是念真菌的。」

「真菌？真菌是什麼？」

我：「嗯！菇就是真菌。」

這時候，對方眼睛亮了起來，像是突然了解量子力學，原來屬於物理範疇而不是自然療法一樣！

「哇！那我懂了，就是香菇啦。香菇就香菇，講什麼真菌，是故意要人聽不懂啊！」

香菇是他唯一說得出口的菇類名稱，常出現在火鍋料裡，有棕色一朵一朵，有白色細針狀的，還有厚片的，非常多元的一種菇類，全部都叫香菇。

接著他會說：「種香菇還要念到博士唷，真的很好笑耶！」

我ＯＳ：（國中生物沒念好才好笑吧！）

好了，我又走遠了，再度回到口試的那一天，口試委員問我的那個問題：「為什麼研究真菌？」當時的我針對這個問題，滔滔不絕地回答了五分鐘，但是答案的重點其實很簡單，就是：

「因為我想了解它。」

你是不是也跟我一樣，很想了解它？那麼就讓我們啟程吧，像菌絲一樣開始探索。

第一部

英國

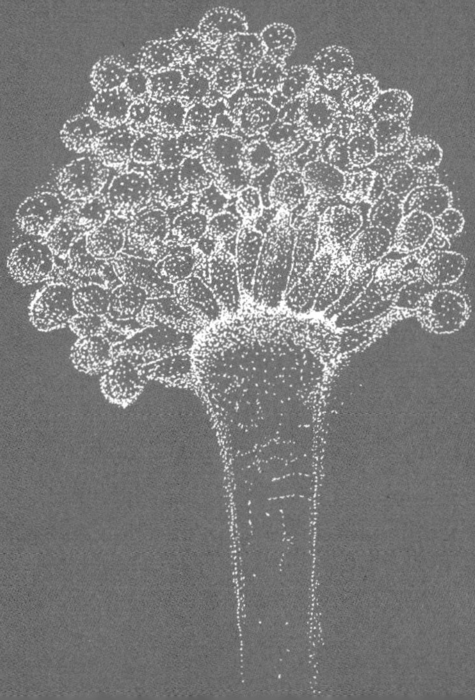

真菌A片導演

翻閱到這樣的標題，你是否已經決定將本書放回書架上，然後心裡納悶著：「什麼跟什麼？」然後你會闔上這本書，要將書放回書架，但是放回之前，你再確認一次書的標題，看看是不是因為突然恍神而拿錯了書。不，你沒有拿錯！請那猶豫不決的手將書取回，以探險的心情翻開下一頁吧。容我慢慢道來！

麵包發了紅色的霉

我在愛丁堡大學細胞生物研究所的研究題目，就是〈真菌的有性生殖〉，用的是一株真菌的模式物種，使用的工具是顯微鏡，各種不同的顯微鏡，有一般光學顯微鏡、共軛焦顯微鏡與掃描式電子顯微鏡。我用鏡頭以不同的時間、不同的情境陳設、不同的角度捕捉記錄真菌的有性生殖過程，所以就挖苦自己活像個「真菌A片導演」。

這部影片的主角被稱為紅麵包黴（俗名），但是它的拉丁名稱（*Neurospora crassa*）當中，卻沒有「紅」也沒有「麵包」這些關鍵字，反而是「神經」（*neur-*）、「種子」（*spora*）與「厚實」（*crassa*）。

接下來，我即將遵循科學家，用大量名字或學術名詞，來展現自己博學多聞的技巧，讓讀者一陣頭暈目眩，然後說服自己：「這人好厲害啊。」

話說，法國化學家安塞姆・佩恩（Anselme Payen）於一八四三年首先描述位於法國的麵包店裡所發現的黴菌並把它稱作「紅色麵包黴」（Champignons rouges du pain）[1]，後來在一九〇一年，它的蹤跡也被發現在發酵大豆以及花生蛋糕上，當時又改稱為「念珠叢梗孢」。過了近一百年，一開始的名稱「紅色麵包黴」基於觀察到完整的生殖週期的基礎上，被重新分類到新的一屬「神經孢」[2]。避免大家迷失方向，對於紅麵包黴的歷史簡介就先在此打住，後續再述。

啟程

二〇〇四年九月，我帶著一口破英文還有滿腔的熱血，啟程前往曾經占領地球四分之一土地以及控制四分之一人口的日不落帝國——英國[3]，開始了我燒腦又窮困的博士班生涯。同時也發現，所有對於認真念博士班的悲慘描述都是真的。也許你無法體會，那我就用一個令我印象深刻的漫畫來做解釋。內容是這樣的，有一個年輕博士因為意外過世了，他來到了天堂，與天使有了這樣的對話。

年輕博士問：「我很年輕，做過的好事也不多，為什麼我沒有下地獄，而是來到了天堂？」

天使回答：「噢！因為你已經經歷過如同地獄一般的博士班，所以不用再去一次地獄了。」

艱難之處，在於這是一條又長又孤獨的旅程。

念博士班的一開始，我看了許多文獻，然後決定了博士班的研究主軸，於是我就拿著題目跟我的指導教授討論。

「這是一個很老的題目，我們已經了解很多，裡面應該沒有什麼新東西可以被挖掘、被發現了。」老尼克這樣對我說。

「不過，我還是想試試看。」我說。

「沒問題，不過在一年級的時候，只要你改變心意，隨時都可以換題目。」老尼克面帶微笑地說。

老尼克是我去英國愛丁堡大學攻讀博士班時的指導教授。這是當初去念博士班，開始要挑選自己研究題目的時候，與老尼克的一段對話。當時的我選了一個很老的題目，這個題目在我研究的模式絲狀真菌上，已經被研究超過了一百年[4]，可以說已經被研究得相當透徹，似乎已經沒有什麼新鮮事可以再被發現。不過我還是義無反顧地就這樣一頭栽進這個研究題目裡。

在收集、準備文獻的時候，我找到了一篇真菌學家喬治・比斯蒂斯（Bistis G.N.）在一九八一年發表的經典論文[5]。論文裡面的一張顯微鏡圖吸引了我。在那張圖當中，有一坨黑黑的東西，然後由那一坨黑黑的東西長出一根蜿蜒且一直延伸的絲狀物，這個絲狀物就像在找什麼一樣，扭曲著往那一坨黑黑的東西反方向生長。

那一坨黑黑的東西就是子實體，而那一根長長蜿蜒前進的菌絲，不是一般的菌絲，是一根受精絲。看到這張顯微鏡圖的我，就像挖到寶藏一樣興奮。我迫不及待捧著那篇論文，仔細研讀，腦袋裡閃過：「我知道有東西！有新的東西在這個百年老題目裡！」

因為那一篇論文，我開始日以繼夜地在顯微鏡前觀察我的主角。說「日以繼夜」一點也不誇張，我曾經在實驗室裡連續三十六個小時，不眠不休，只為了拍一張完美的顯微鏡照

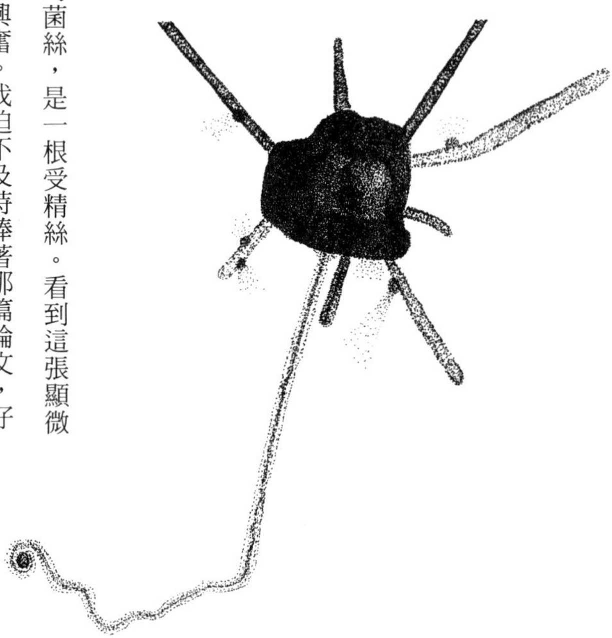

紅麵包黴未成熟子實體與受精絲。

片，一張雄性核離開孢子，進入到受精絲的照片。現在回想起來，只能說，年輕真好，有新鮮的肝，可以來瘋狂熱血做研究。最後，我不僅僅拍到我要的照片，還將過程錄製成影片。隔天，我興奮地拿著剛出爐還熱騰騰的研究結果給老尼克看。

「哇！很有趣的結果，你有很銳利的觀察力啊！」老尼克說。

而就在那個時候，我也確定了之後博士生涯會一直陪伴我的研究主題與方向。

描述到這裡，應該要解釋一下，在真菌的世界裡並沒有雄性或是雌性之分，但是為了便於研究與描述，我們習慣用描述植物或是自己容易理解的描述方式，來闡述真菌的某些現象或是行為。在真菌裡所謂的「雄」指的是提供遺傳物質的一方；「雌」指的是可以孕育出「有性孢子」的一方。在不同的環境條件下，同一株具有相同遺傳背景的真菌可以扮演「雄」的角色，或是扮演「雌」的角色。千萬別誤以為，有「公真菌」跟「母真菌」之分！

吃過雞肉，有見過雞走路嗎？

對於紅麵包黴，一開始除了了解名字所代表的意義之外，我對它在野外的生長狀況完全沒有頭緒，一片空白，這讓我有點沮喪，因為我連要去怎麼樣的野外，或是要去哪裡的野外找它們完全一無所知。研究紅麵包黴，卻沒見過野外的紅麵包黴，就跟一個研究雞的專家，沒見過野外行走的雞一樣！這個念頭一直迴盪在我的腦海裡，所以一直期待有那麼一個機會，可以親眼看見野外的紅麵包黴。後來我懊悔地發現，那個該死的紅麵包黴根本到處都是！

二〇〇六年八月七日，可以俯瞰愛丁堡市區全景的著名景點——亞瑟王寶座（一座標高只有一百八十六公尺的丘陵地），在當地時間下午一點的時候發生了火災，火勢一直持續到傍晚才控制住，燒了三千平方公尺的草地以及草地上的低矮灌木。二〇〇六年溫暖且多雨，然而在蘇格蘭，天空下著綿綿細雨是日常。火災過後的幾天照例下了幾場雨。那時候我得知這個消息，異常興奮，因為紅麵包黴在野外，通常都是出現在祝融肆虐之後的森林裡。火災過後的一、兩週，我再回到火災現場，可以看到長在燒焦金雀花樹上的橘紅色紅麵包黴。沒錯，這就是野外生活的紅麵包黴，而且它們一直蟄伏，等待森林大火過後，大部分生物或是資源競爭者都被燒死之後，迅速生長並且占領焦土的時刻！紅麵包黴的有性孢子需要加熱超過攝氏六十度，半小時才會順利萌發，而且有研究顯示，即使是攝氏一百度，有性孢子仍可存活並發芽[6]。這就是為何平時在野外不見蹤跡的紅麵包黴，總是在森林大火之後，第一個占據火災過後現場的生物。這也是當初佩恩會在麵包店裡烤過的麵包上發現紅麵包黴的原因。

紅麵包黴當初被發現後，就被帶到實驗室裡，由於生長快速，生活史只有一至兩週，再加上它「什麼都不是，什麼都不會」（不是動植物致病菌，不會造成動植物疾病）的特性，所以是一個很容易在實驗室裡操作的乖乖牌真菌。

它被發現後，經過了一百年，愛德華・塔特姆（Edward Lawrie Tatum）與喬治・比德爾（George Wells Beadle）兩位美國遺傳學家，例用紅麵包黴作為研究主角，提出了「一個基因，一種酵素」理論，而獲得一九五八年諾貝爾生理學或醫學獎[4]。這個理論在紅麵包黴為真，不過後來也證實這理論，在其他物種不一定行得通。不過，他們在基因受到特定化學過程調控的貢獻是無庸置疑的。在那之後，紅麵包黴開始聲名大噪，從此變成科學家鍾愛的生物模式系統之一，也因為這樣，真核生物遺傳學突飛猛進。紅麵包黴從此站穩了改變人類科學研究一哥的角色，跟植物界的阿拉伯芥、動物界的果蠅與秀麗隱桿線蟲、醫藥研究的小白鼠以及魚類研究的斑馬魚平起平坐。而我就是其中一個跟風的小嘍囉！

已故的知名遺傳學家諾曼・霍羅維茨（Norman Horowitz）曾經在一九九一年發表的論文裡，描述在獲得諾貝爾獎肯定的那個紅麵包黴研究。他是這樣描述的：

「This brief paper, revolutionary in both its methods and its findings, changed the genetic landscape for all time.」[7]（這篇簡短的論文〔指的是拿到諾貝爾獎的那一篇論文〕，其方法與發現都具有革命性，永遠改變了遺傳學的格局。）

看到這樣的評論，身為真菌熱愛者，你還不跟嗎？至少，我是跟了。

二〇〇三年，紅麵包黴的研究再次來到了榮耀的高峰，那一年，紅麵包黴成為了第一個絲狀真菌基因體被「發表」的物種。而且還是在科學權威的期刊《自然》（*Nature*）上[8]。能夠把這個大眾可能覺得無趣的真菌基因體推進《自然》期刊發表，就能一窺紅麵包黴研究社群的學術力量有多大。但是，檯面下卻是波濤洶湧。因為實則，第一個被基因體完全定序的絲狀真菌是麴菌，但是因為商業原因，所以並沒有搶在第一時間公開發表結果。

巴黎大學的傳承者

這個博士班時期的研究，就這樣如同跑馬燈的快轉，一轉眼，竟然也經過十八年了！

在二〇二一年的時候，我收到了一封電子郵件，是輾轉了很多人的一則訊息。一位素未謀面，在巴黎大學教書的助理教授，寫信給我，想要邀請我作為他論文的作者之一[9]。在郵件當中，他告訴我，他找了我很久，還有，他的研究跟我博士班一年級時候的研究，內容幾乎一模一樣。他曾短暫地去過老尼克的實驗室做研究，然後也對我當初著迷的題目一樣的入迷。

就在閱讀那封電子郵件的時候，我的心中突然冒出了一句話，我對自己說：「有人接棒自己開始的研究，真是個特別的感受！」

然後，那個感性時刻不到三秒鐘，我自己又跟自己說：「證明了致力於成為『真菌A片導演』真的不是一個奇怪的想法。」

語畢，我自己也笑了出來！

叫阮ㄟ名

物種的拉丁名稱很讓人頭痛，它們有時繞口，有時拗口，有時更是說不出口！

二〇〇五年我參加一場研討會，一位也是研究真菌有性生殖的研究人員講述實驗室的研究主角：法克爾氏長青葡萄孢菌（*Botryotinia fuckeliana*）（又稱灰黴菌）時，說了一段感人小故事。但是演講者講完後，怎麼很多人都在笑呢？原來，法克爾氏長青葡萄孢菌，這個拉丁文落落長的名字，讀起來實在很尷尬，因為跟不雅的字有些相似音。所以演講者自己的研究生都多少有遇過一些發音上的尷尬場面。

實際上這個種名，是由德國的真菌學家狄伯瑞（Heinrich Anton de Bary）所命名，名稱的由來，是為了紀念另一位德國的植物與真菌學家法克爾（Karl Wilhelm Gottlieb Leopold Fuckel）。絕對不是因為種植葡萄的果農，見到自己的農作又遭受到灰黴菌的感染而損失慘重時，真性情流露脫口而出的氣憤之語。

有性管，別糾纏我

我自己也曾經有過類似的經驗。因為我的研究是真菌的有性生殖，所以會特別注意跟有性生殖相關的現象以及基因。我在博士班的時候有發現一種與有性生殖有關的「生長管」細胞型態，這種「生長管」源自孢子，當孢子扮演「雄性」角色，而且又在環境有利於有性生殖之時，孢子就會萌發出這樣的「生長管」。這個「生長管」與孢子的發芽管很不同，它不會分支，會一直生長到很長，而且會吸引雌性的受精絲前來受精。「生長管」當中會產生分隔，每一個分隔會剛好分配到一個雄細胞核，每一個分隔可以提供給每一個受精絲一個雄細胞核作為受精之用。所以一個「生長管」有時候可以讓多達四個雌受精絲受精，比起雄性孢子通常只能受精一個雌性受精絲來說，繁殖效率變高許多。好了，再繼續描述下去可能這本書有一半都可以寫這個議題了。

總之，我發現那個「生長管」，且經過與老尼克反覆討論之後，確認這個「生長管」是新的細胞型態，所以這個時候，就得面對「命名」問題了。一開始我認為，應該要取一個有拉丁語內涵的名字，但是老尼克卻覺得要平易近人，所以最後出現了「sex tube」（有性管）這個名字。第一次在實驗室開會時提到這個名字時，大家應該是憋著不敢笑。不過，我覺得這也算是一個可以帶來歡樂的名字。最終有關這個細胞型態的論文，一直到現在都沒有發表。因為我遲疑了！我腦袋裡一直出現老尼克的提醒：「如果發表，這個細胞型態的名字，就會永遠跟你的名字連在一起。」現在想想，還好沒發表，為了一篇論文，這樣的犧牲有點太大！

十多年後，我受邀到臺灣大學植物病理學系（現為植物病理與微生物學系）演講，講的內容就是有關真菌的有性生殖，當中有描述那個「有性管」的一些研究資料，我還特別提醒

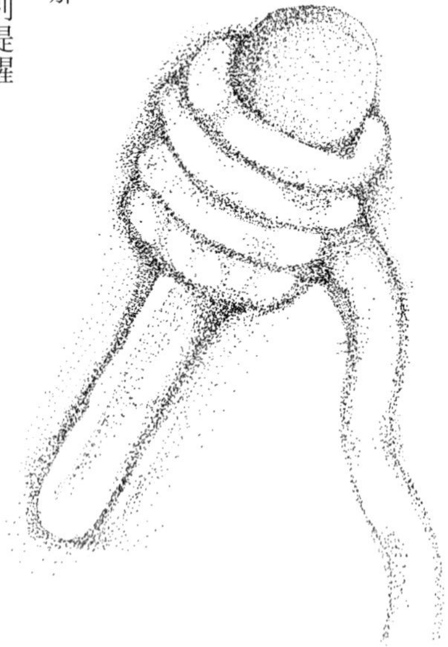

紅麵包黴的有性管。

聽眾，那個「有性管」在這裡聽聽就好，千萬別把這個關鍵字輸入網路搜尋器裡去搜索，不然出現的結果可能不僅不會是想要的資訊，而且還會很尷尬，尤其是在研究室裡，自己背對大家，但電腦螢幕卻是面對所有人的時候。

好的，「消茄」！

我們中文名字的英文譯名，也常遇到外國友人難以發音的狀況，所以取一個英文名字對我們使用中文為主要語言的人們來說司空見慣。但是，我自己卻一直沒有英文名字，雖然曾經有想過要取一個好記的英文菜市場名字，這樣跟外國友人交流就會更順暢。但最終還是沒有，就這樣帶著讓別人難發音的英文譯名，我仍然順利地拿到學位以及工作，似乎沒有造成任何困擾。自己沒有英文名字的原因其實很簡單，只因為在英國的時候，我曾經跟英國同事討論這個問題，也請他們幫我想一個有「大不列顛」味道的英國名字。但是，英國同事委婉拒絕了，並且告訴我，就算名字很難發音，但如果是想要跟你交朋友的人，就應該要學會怎麼念。我也覺得這樣的觀念是正確的，所以就打消有英文名字的念頭。

後來，母語是西班牙語的同事叫我「小鴨」，母語是英語的英國同事叫「消茄」，母語是荷蘭語的同事叫我「小姐」，當然還有「小傑」「休傑」……然後，就在我邀請老尼克來臺灣的時候，老尼克才跟我說：「我認識你也有幾年了，我今天才知道你的名字原來這樣發音，怎麼之前都沒有糾正我呢？」我只是淡淡地回說：「別放在心上。」老尼克臉上露出了笑容說：「好的，消茄！」

看來，就算知道我的名字的正確發音，老尼克還是沒有學起來，這也是我懶得去糾正的原因。

現在都有點懷疑，當初英國同事的那一番令人感動的話：「如果是想要跟你交朋友的人，就應該要學會怎麼念你的名字。」是不是在捉弄我啊？那你們也該好好發音啊！那時候真的該堅持取個英文名字的。

生物學的學名所使用的二名法，是瑞典的植物學家林奈在一七五三年《植物物種》這本書當中，首先提出的命名系統。後來學者開始沿用，命名才有了一些規則。在這之前，有時候阿貓指的是阿狗，但是阿狗又不是狗，有點紊亂。

洋菇，是你嗎？

說到名字，有時候我們熟知的多個不同物種名稱，事實上指的都是同一物種，在真菌就有這樣的例子，而且，甚至有性生殖世代與無性世代的學名會完全不同，但指的卻是同一種物種。

我到了英國才知道原來當地人所稱的「波特貝拉菇」，就是在臺灣熟知，而且超市也常見到的洋菇！說起來真是慚愧。而且，小褐菇、波特貝拉菇與鈕扣菇指的也都是同一種菇。看見這些名字，也許你會認為它們是不一樣的菇，而且等你見到它們實際樣子，你會更加確定它們真的是不一樣的菇。但是，事實上，它們卻都是同一種菇！

它們都是雙孢蘑菇，鈕扣菇是雙孢蘑菇的白變種，剛冒出土的雙孢蘑菇就是長這樣，像個白色小半圓鈕扣。小褐菇是菌傘還沒有張開（常被打趣地稱為「菇的小時候」）的雙孢蘑菇樣子，而很大朵的波特貝拉菇，就是小褐菇菌傘完全張開的樣子，這就是有時候小褐菇在超市也被標示成「小貝拉」或「小貝羅」的原因。雙孢蘑菇在菌傘完全打開的時候（波特貝拉菇）水分含量較低，會比小褐菇與鈕扣菇的香氣更濃郁一些，所以常被用來（當容器）加入乳酪焗烤。

另外，有研究提到，一朵波特貝拉菇所含的「鉀」比一根香蕉來得更多。至於為什麼要跟香蕉比「鉀」含量而不是跟芭樂比，我其實也很想知道原因。

學名與商品名

菇類的俗稱常常讓人眼花撩亂，因為可能在甲地與乙地的名稱會完全不同，端看當初發現這朵菇的人怎麼認定，以及當時所想像到的情境而定。例如，在臺灣被稱為秀珍菇的蠔菇，在中國則被稱為平菇。然而，市場上，秀珍菇是肺形側耳（*Pleurotus pulmonarius*），也是蠔菇（*Pleurotus ostreatus*）。秀珍菇的中文別名眾多，有平菇、側耳、糙皮側耳、鮑魚菇、蠔菇、鳳尾菇等等，也有許多人誤植為「袖珍菇」。

有朋友就曾經問我：「袖珍菇，明明就可以長得很大，一點也不袖珍，為何會有這樣的名字？」

我只是淡淡地說：「應該是跟大象比吧！」

但實際上，秀珍菇這個名字源自於臺灣，最初因為珍貴且秀麗而命名，是個商品名。在當季好蔬果網站（https://www.twfood.cc/）可以分別找到秀珍菇與蠔菇（鮑魚菇）的批發價格，實在令人混淆，但是，也許我只是太糾結在名稱上，對菇農來說，賣出好價格才是好菇。另外，大家也一定曾經在滷味攤前，對著雪白的「金」針菇有過瞬間的遲疑，但是看到老闆的名字叫做宋仲基，好像也就懂了，就只是個名字沒什麼大不了的。當初取名「金」針菇，決不是因為命名者對顏色有所誤解。金針菇的原生地是中國北方，因呈黃褐色（金色）且叢生，剛出菇時細長如針，因而得名。之後，經菇農選育出了純白討喜的變種，大受歡迎，如今才會常見雪白「金」針菇。而原生的金針菇還是可以在市場發現，只是因為白變種名聲太大，所以原生種只好重新命名為「山茶茸」或其他更厲害的名字。無論是金針菇還是山茶茸，它們都是同一種菇。

高麗菜，你怎麼長這樣？

除了菇類，蔬菜也有類似名稱多樣的例子，只是這個例子是人類選育的結果，這些擁有不同名稱的蔬菜，外觀也非常不同。例如，羽衣甘藍、球芽甘藍、花椰菜、高麗菜（捲心菜）、青花菜以及大頭菜，它們都是同一種植物：甘藍（*Brassica oleracea*）[10]！

怎麼會這樣？

大約兩千五百年前，甘藍還只是一種生長在英國、法國和地中海沿岸的野生植物。這個野生甘藍目前還可以在當地找到，並被稱為野芥末。我自己也嘗過這種植物，真的跟芥末一樣嗆辣。到了古希臘和羅馬時代，人們開始種植這種植物。為了最大化可以獲得的食物量，人們開始篩選種植能長出更多葉子的植株，經過一段時間的人工選擇後，產生了一種看起來像現代羽衣甘藍的植物。一千六百年之後，農民特別選殖能產生膨大葉芽的植物變種，經過幾代持續篩選，又出現了現在被稱為「捲心菜」的植物。各地農民依照自己的需求進行篩選，而有了更多不同樣子的甘藍出現。即便它們都是同一物種，但這些不同的作物都是栽培品種，就是不同的品種經過培育，具有符合人類需求的品質。

甘藍的這些栽培種，是人類馴化後的產物，比起野生種，馴化種外觀大不相同，更容易食用。許多農業當中的物種都是經過人類育種與馴化的結果，例如蘋果與玉米都是。動物也是，例如：乳牛和伴侶動物（狗與貓）。那真菌呢？微生物也能馴化嗎？

不是達爾文的鴿子

米麴菌是生產清酒、醬油與味噌的重要真菌。當釀造師傅將米麴菌加入釀造的時候，米麴菌會自行繁殖。這個過程，人類取出表現與生長都很好的一群米麴菌，放到新的材料上重新發酵。這時候，人類就是在進行馴化的操作。科學家將許多米麴菌菌株的基因組，與其野生祖先黃麴黴的基因組進行比較後發現，經過一段時間，人類的選殖讓米麴菌分解澱粉和耐受發酵產生酒精的能力提升了。這個「代謝能力的重組」就是真菌馴化的指標之一。相較於野生菌株，被馴化的麴菌可以具有多達五倍用於代謝澱粉的基因數量[11]。馴化的結果就是讓麴菌產生我們所需的酵素。

被馴化的米麴菌，也失去了一些會產生毒素的關鍵基因，這些毒素不但會殺死進一步發酵所需的酵母菌，也會讓我們生病。馴化顯然使米麴菌對人類更加友善。米麴菌在一八七六年被分離出前[12]，就已經經歷了很長時間的發酵馴化過程，這個發酵馴化過程，造就了各家釀造廠引以為傲的特殊風味。

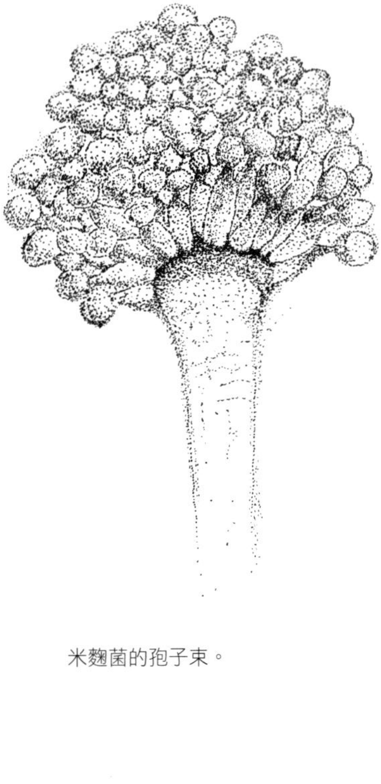

米麴菌的孢子束。

「小」馴化

一天假日早晨，我陪家人到臺南一處傳統市場購買晚餐要用的蔬菜。就在經過蔬菜攤時，我看見攤子上用厚紙板書寫的蔬菜「縮寫」名稱「馬○薯」，我想，這絕對不是因為菜販怕洩漏蔬菜的個資所做的書寫方式，原因可能很單純，就只是菜販老闆不想寫或是忘了怎麼寫「鈴」這個字。但是，就在這一堆「馬○薯」的旁邊，還有另一堆馬鈴薯標著「馬K」，然後繼續往右，「馬K」的旁邊還有「紅K」。屬於「紅K」的那一堆是紅蘿蔔，把「carrot」用K代替也可以理解，表示菜販老闆有在跟時事，或是有閱讀的好習慣。但是「馬〇薯」跟「馬K」為何要有不同名字？而且標價不同？

或許只是因為我不熟悉馬鈴薯被人類馴化的過程，所以才會被「馬〇薯」跟「馬K」的名稱所迷惑。常聽到高手在人間，這時我望向菜販老闆，正好與老闆的眼睛對上，不知怎麼的就脫口說出：「各買兩斤。」老闆迅速包好「馬〇薯」跟「馬K」遞給我，我也迅速付了錢就離開。買回家煮過後，外觀口感都是馬鈴薯，而且嚐起來的味道也是馬鈴薯。這時候心裡冒出一句話：「果然，高手在人間。」

馬鈴薯的馴化是很經典的故事，它是人類的主要糧食之一，各位一定要聽聽。大約六千到一萬年前[13]，馬鈴薯在秘魯安地斯山脈南部，的的喀喀湖以北被馴化自一種茄屬植物複合體的野生種，這些複合體可能是刀薯的起源，這可能是第一個被馴化的馬鈴薯。安地斯馬鈴薯的直系祖先，藉由在不同栽培區重複的基因體多倍化過程後，再加上品種和品種間雜交，成就了安地斯馬鈴薯的遺傳多樣性和適應性，隨後又與野生物種塔里哈馬鈴薯的育種，而產生了智利栽培品種。十六世紀，馬鈴薯遷移到歐洲，然後傳播到世界各地。目前，栽培馬鈴薯被統稱為「*Solanum tuberosum*」。

真菌的馴化

講到馴化，大家應該不會馬上想到馬鈴薯（但是因為馬K所以不得不先解釋一番），而是聯想到每天陪伴我們的毛小孩，再來才是成為農業主角的動植物，例如乳牛，以及提供我們肉類需求的肉豬以及肉雞。又例如，在東方，被人們當作主食的稻米等等。

然而，就跟其他真菌的故事一樣，真菌在這個人類的馴化大戲裡，也一直被遺忘。當你吃下一口綿密且氣味濃郁的奶酪，你想到了乳牛。當你在烹煮晚餐的時候，加入了一點調味的醬油，你想到了大豆。然而，事實上，這類食品幕後的大功臣是你肉眼看不見的微生物，也許因為肉眼看不見，一般大眾就很理所當然地遺忘它們。而這類微生物，事實上也是經由人類馴化之後，才可以穩定製作我們所需的食品。

二〇二二年五月，科學家找到了微生物馴化的基因證據了[14]。微生物不適用傳統育種的概念，因為微生物不像孟德爾的豌豆，更不像達爾文的鴿子，可以將擁有特別表現型的「個體」選育出來作為繁殖主角。即便無法個別選育，人類篩選最適合我們需求的變異株，留存並繁殖，這個過程重複了千年之後，留下的微生物所擁有的特徵，類似於人類對動植物選育，留下了相似的遺傳特徵。而這些經由人類篩選的微生物失去了一些基因，也漸漸失去了在野外生活的能力。成為完全依賴人類的微生物。例如，用於製作麵包的酵母菌就被認為是馴化而來的，因為它們已經失去了遺傳變異，無法在野外生存。但對於其他微生物，科學家們卻苦無「馴化的明確證據」。

為什麼馴化的真菌分子特徵可能與動植物不同？從種群遺傳的角度來看，可以預期動植物中與馴化相關的瓶頸事件，幾乎總是比真菌中出現的更加嚴重。之所以如此，是因為在植物和動物中，人們可以選擇一個或很少的個體作為培育下一代的親代，而在真菌中，卻是選擇由數千到數百萬個體所組成的種群菌落。此外，雖然馴化品系和野生品系之間的生殖隔離，可以很容易地在大多數動植物中建立，但在處理真菌種群時，這種隔離就非常難以建立。另外還要注意的是，真菌有無性與有性世代，例如，酵母菌確實具有有性世代，但它們的絕大多數世代都是無性的。如果真菌中的有性生殖頻率，比植物或動物中的少得多，那麼在真菌譜系中選擇的效率就會降低。

或者，可以推斷，如果在農田或穀倉中遇到的環境，比在野外遇到的環境更有利，那麼馴化種群與野生種群相比，就可以容忍更多的有害突變。簡單說就是，即使出現了不利生長的有害突變，在人類照顧下吃好生活好的微生物還是可以存活下來。因此，觀察到的真菌和植物或動物馴化事件之間的差異，理論上可以藉由馴化生態的潛在差異來解釋，而不是藉由種群遺傳學來解釋。真菌馴化相關的分子模式可能與馴化動物和植物的研究所建立的標準不同。因為人類已經馴化了大量用於食品生產的真菌物種，對馴化真菌的進一步研究，可以對馴化過程對真菌基因組的特徵和影響，產生更多的見解。

隱身在藍紋乳酪中的真菌馴化歷史

製作著名藍紋乳酪的真菌，洛克福耳青黴也是經由人類馴化後的真菌。群體基因體研究發現[15]，目前的藍紋乳酪來自四大群體，其中兩個群體可能來自近代的馴化結果。一個是法國蘇爾宗河畔洛克福耳地區，具原產地指定保護（PDO）的藍紋乳酪。該地在十五世紀或更早之前就開始製作藍紋乳酪。這個洛克福耳青黴，與同樣生產藍紋乳酪的其他洛克福耳青黴菌種最大的不同點在於，缺失了兩個與平行基因轉移相關的基因組島（GI）：瓦拉比與芝斯特。這個特點就是馴化的證據，且這馴化結果造成蘇爾宗河畔洛克福耳地區的洛克福耳青黴，在乳酪當中生長緩慢以及有較弱的脂肪分解酶活性。這在沒有低溫儲藏設備的過去而言相當重要，因為利用羊乳（每年二月至七月生產），慢熟成的洛克福耳藍紋乳酪，必須要能夠保存得更久。與其他利用牛乳製作的藍紋乳酪不同，牛乳一年四季皆可生產。如果脂肪分解酶活性太高，那在熟成過程中脂肪就會被過度分解，風味與質感就會大打折扣。

由此可知，產地限定的確跟產品息息相關，除了氣候條件不同之外，「水土」也是非常重要的因素，而這個「水土」就是肉眼見不著，但卻被人類馴化的微生物。

農業推動的真菌馴化與演化

當人類在一萬多年前開始從事農耕之後，便馴化農作物，讓它們更容易種植，也更多產量，但另一方面，我們也無心插柳地讓病原菌跟著馴化的農作物一起也被馴化了。新月沃土是許多穀類作物的起源中心和最早的馴化地點。在從野生禾本科植物到馴化穀物的轉變過程中，許多宿主特化的病原菌物種，也跟著一起出現。例如，在伊朗西北部採集到的禾本科野生植物上，發現了一個已經適應小麥的病原菌，也就是禾生球腔菌的姊妹種群。將這個姊妹群與其他地區的同種真菌做比較，發現在新月沃土的禾生球腔菌起源相對較晚，與西元前八千到九千年左右，發生在新月沃土已知的小麥馴化時間點相吻合[16]。

人類對某些禾本科植物的馴化過程，不僅改變了植物種群的遺傳結構，還改變了與其相關的病原菌所在的物理和生物環境。在野外環境裡，病原菌暴露於大規模的環境變動之中，包括溼度、紫外線和營養供應等因素。而農業寄主種群的特點是植物密度更高、養分分布更均勻、遺傳均一性更強，創造了更一致的環境，不易受環境波動的影響，也更有利於病原菌傳播。農業實踐的開始和新作物物種的開發，也可能導致新病原出現，或藉由對現有病原菌種群的局部適應，而發生重大變化[17]。所以農業的推動，實際上也是一種對生活在農業地區物種的人擇演化推動。

馴化不是人類獨有的技能

人類依據生活需求馴化了不同的生物，讓我們的生活更加便利。但是，這個馴化的手段只有人類會使用嗎？當然不。大自然的運作當然也包含了馴化。例如，白蟻的祖先為了更有效率地分解食入的植物性材料，就必須要依賴腸道內的共生微生物，這種共生關係在白蟻家族的成員當中隨處可見。然而，大白蟻還獲得了一種共生真菌，能負責白蟻腸道外消化食物的工作。系統發生學的研究顯示，這些被白蟻養殖的真菌，在演化上自成一個分支，也就是：蟻傘屬。但導致這樣的馴化事件背後的故事仍不清楚。然而，研究人員研究了幾種與昆蟲相關的真菌發現，與蟻傘屬親緣相近的其他真菌物種，卻沒有與白蟻建立共生關係，這顯示了白蟻與真菌的共生起源並不需要真菌的大規模基因變化，主要還是環境因素主導[18,19]。

一八五五年，達爾文開始養鴿子，育種出許多具特色的鴿子，而且找到演化的一般運作模式的線索。並且提出所有育種馴養的鴿子都源自於「岩鴿」[20]。這個假說，也在達爾文開始養鴿子之後的一百五十八年，經由DNA的研究而證實。還好，達爾文沒有對菇類感興趣，不然他的演化想法一定會被菇類搞得精神錯亂。例如，附毛菌屬真菌的交配型就多達一萬七千五百五十種之多[21]，有些真菌更是可以掉一整條染色體也無傷大雅[22]。

達爾文看上鴿子是正確的。

向上的力量

二〇〇六年，我到美國加州參加一個學術研討會，當中有一場令人深刻的演講，內容是一位日本學者，偶然間發現有一顆蘑菇，不願向上長，好像地心引力與它無關一般。這場演講深深吸引了我。在這個地球上，所有的生物（至少是陸地上的生物）都受到自然力的影響，這包含了重力，所以才有了上下之分。

重力對真菌的影響已經被研究了百年歷史，但很可惜，許多實驗皆產生不確定性，所以一直進展得很慢，我們也對這個現象了解不多。被研究清楚的向性有向水性、向地性、向光性和向觸性。在任何一個時候，總會有一種向性會成為主導地位，但如果可以藉由控制生長條件來消除主要向性，就可以證明次要的向性作用。依照由小而大的順序排列，則排列的層次結構會是：向觸性、向地性、向水性與向光性。在真菌子實體的發育過程中，不同的向性在不同的時期會占主導地位。

直到一九九一年，狀況才有所突破[23]。以往的實驗會利用離心機來抵銷重力影響，到了一九七〇年代，前蘇聯利用無人駕駛太空船（Cosmos 690）首次將真菌帶入太空。之後，又有兩次將真菌帶入太空（Salyut-5與Salyut-6）。在太空中的實驗，主要觀察菇類子實體在無重力的狀況下如何形成。同樣在一九九一年，科學家利用金針菇來進行重力感應的實驗，方式是利用嫁接：將已經長有菌傘的菇，切除其菌傘，嫁接到其他菇的菌柄上，有時候會將菌柄反接，再觀察子實體生長的狀況。結果發現，金針菇對重力最敏感的地方是菌柄的頂端。更進一步了解到，菌絲體的代謝物經由菌柄進行「向頂端傳輸」，這些代謝物會誘發金針菇生長向上（對重力產生反應）[24,25,26]，但是，這個實驗結果還需要更進一步的實驗才能有完成的結論。

平行生長的金針菇。

怎麼運作的？

一九九五年，科學家提出了一個簡單的解釋，來說明真菌對重力感應是如何進行的。這個說法與人類耳石器官系統非常相似[27]。在我們的內耳深處，有些器官內部充滿了液體以及被稱為耳石（它們實際上是石質的，基本上由石灰石和一種蛋白質所組成）的微小石頭狀顆粒，這些顆粒摩擦著耳石器官內部的細小毛髮。大多數時候，顆粒狀小石頭是均勻沉降在底部的，這讓我們知道哪裡是上，哪裡是下。如果你由坡地上旋轉滾下，這些顆粒小石頭就會不斷移動，而造成迷失方向的感覺，甚至頭暈目眩。

在真菌當中，類似的狀況也在布拉克鬚黴中觀察到，該真菌的重力感應機制需要「晶體」[28]。這種真菌具有複雜的結構，看起來像縫紉針，並且含有可以在該細長的針狀容器中移動的晶體。簡而言之，晶體在真菌細胞中沉降，藉以告訴那些細胞哪個方向是上，哪個方向是下。儘管真菌細胞不需要像人類一樣平衡，四處走動或避免頭昏眼花，但很重要的是其子實體（包含孢子）可以向上並高於地面生長。

另外，科學家也假設，真菌細胞也利用細胞核來感知重力方向。而在真菌細胞內，被充當耳石的功能就是細胞核[29]，細胞核會反應重力方向，而在細胞內沉降到底部，這樣真菌就知道哪個方向是上。細胞核被包圍在構成細胞內部骨架的蛋白質肌動蛋白絲中[30]，當這些細胞核沉降時，它們就會拉動肌動蛋白絲，而肌動蛋白絲又會在它們的附著點拉動細胞壁。這種張力會觸發細胞響應重力變化，在細胞感受到重力的一側，微泡開始填充和膨脹，液泡膨脹，整個過程導致菌絲細胞膨脹。最終結果是菇的菌柄彎曲遠離感應重力的那一方。

重力與其他自然力

重力到處都是，存在的時間遠超過最初不知道哪裡蹦出來的生命型態。所以重力對生物的影響其實一直充滿了謎團。除了重力，其實還有許多自然力，自古就影響著真菌的生長。因為研究的關係，我曾與植物系合作，在某次實驗室聯合會議上，有一個報告數據引起了我的興趣。研究生理時鐘的學生，利用黑暗與遠紅外光來對植物進行基因表現的實驗。很有趣的是，黑暗與遠紅外光的交替出現，引起了植物基因（某些）表現出現週期的變化。後來，據說數據分析有問題，所以實驗就沒有繼續進行，真是可惜。但是總是天馬行空的我，卻幻想到了宇宙中的「黑暗物質」，但是這一瞬間還沒有帶我到那個異空間開始幻想，因為我對黑暗物質的理解僅限於動畫與漫畫中的描述，所以我的問題又回到了其他自然力對真菌生長的影響呢？

剛冒出頭的子實體會以遠離其生長基質的垂直方向生長，然後向光性主導了生長，之後反向的向地性接手控制子實體生長。在許多不同的研究中，兩種向性優勢之間的轉換，影響菌柄的生長，進一步也影響孢子的形成。許多生長過頭（已經開始產生孢子）的菇類被採收之後，可以繼續釋放孢子數小時甚至數天。只要子實體保持新鮮，從森林採集或是從超市貨架上選取的菇類細胞就會繼續存活。事實上，一些採收後仍帶著菌柄的菇，還會繼續生長，甚至反應出反重力，向上彎曲生長。

對真菌來說，哪裡才是「上」呢？對於大型真菌來說，能夠辨別上與下是非常重要的，例如，子實體具有菌褶的擔子菌，其孢子的散播最佳狀況，就是離開地面讓空氣流過菌褶，這樣孢子就能讓氣流帶向遠方。還有多孔菌，更是需要與地面平行生長，這樣在孔中的擔孢子才可以順利掉出。當菇類要釋放孢子，只有在菌傘與地面（地球表面）呈現水平排列時才會產生作用。而且進入氣柱的位置越高，孢子就越容易被氣流帶走。這種菌柄遠離平面增長，菌褶向下生長（向地性），是對重力的直接反應。

如果重新將生長中的菌傘改變位置，變成與地面垂直，菇就會繼續生長，直到菌傘再次與地面平行。由樹幹邊生長出來的多孔菌，也有類似的生長行為。如果它們賴以生存的樹，因為倒下而呈現位置不完全水平的狀況，這些多孔菌就會重新生長，到達與地面呈現水平的狀況（新長出的多孔菌）。菇類的向地性是為了確保孢子會從菌褶（或是菌孔）表面噴出，然後直接落下，而不會落在相鄰的菌褶上或是孔壁上。除了前面提到的向光性（在〈看見七色彩虹〉也會繼續討論），真菌也被許多自然力所影響，例如，土壤中常見的布拉克鬍鬚黴，對風的吹拂與物理接觸都會有所反應。

暈頭轉向的實驗

除了實際到太空中進行無重力實驗之外，在地球要進行這樣的實驗就必須要借助植物迴轉器[31]。利用植物迴轉器所進行的實驗，以及在太空船上所從事的實驗都顯示，子實體的基本形式（菌柄、菌傘、菌褶、子實層、菌膜的整體組織排列）在傘菌和多孔菌中的形成，都不會受到失去重力的影響。也就是說，即便沒有重力，子實體還是會按照時程出現。雖然，在虎皮香菇[32]和冬生多孔菌[33]的植物迴轉器培養試驗中，觀察到異常的菌柄生長，然而最依賴重力的型態發生事件，卻是孢子的形成。在太空船上的冬生多孔菌，無法產生孔狀膜子實層體，在失重條件下，冬生多孔菌會長出扁平的子實體，帶有扭曲和不規則的菌柄，而且進一步仔細觀察菌柄的細胞結構，發現也在失去重力的影響下有所變化。在地面上的植物迴轉器實驗中，細胞核融合，產生新的二倍體細胞的狀況也變得罕見。

在植物迴轉器上生長的灰蓋鬼傘[34]，能夠產生明顯正常的子實體原基，但由於不能進一步產生孢子而中止生長，然後在舊有的原基上再形成新的原基。考慮到重力觀察與孢子形成之間的明顯關聯，這意味著確保減數分裂，也就是孢子形成途徑的順利進行，是需要重力參與的，而且也需要以某種方式將重力與子實體生長耦合。

只是，對真菌來說，到底要怎麼「感受」到哪裡是上，哪裡又是下，而且什麼是重力感受器，一直到現在還是個未知之謎。不僅僅是真菌，植物的重力感受器至今仍不知為何物。

療癒的生長方向是向上的

因為自己的實驗室有整套的滅菌設備，也能取得種植菇類所需的材料，所以我有時會準備一些太空包來種些菇類。目的不是想要火鍋料，而是想要觀察菇類往同一方向生長的狀況，這樣的觀察可以為我帶來療癒感覺。而這一切的生長行為其實是重力帶來的。菇類如何「長大」的過程與機制實在令人著迷，有時候我會把自己準備出菇的菇包送給友人，讓他們也可以藉由菇的生長，感受一下無法觸摸到的重力。

看著反重力挺進的菌柄那一刻，感覺自己離愛因斯坦似乎很近，有那個瞬間想要搞懂物理學裡重力理論的衝動，然後突然好像感受到，愛因斯坦正對著自己輕輕搖頭，於是也就懂了，還是把菇摘下放進火鍋裡煮，然後大快朵頤一番比較實際。至於物理，永遠就只能用冥想的了。

看見七色彩虹

在英國愛丁堡大學的時候，位於國王校區的物理系有一個很大也很貴重的「玩具」：雷射光夾。其實不應該稱之為玩具，但是就真的很好玩。雷射夾最早出現在一九八七年[35]，是一種藉由高度聚焦的雷射光束，來移動微小透明物體的儀器，在生物學上的應用，已經可以移動細胞與病毒顆粒，也可研究細胞在有絲分裂和減數分裂的時候，細胞中染色體的行為和作用力。雷射夾可以「夾」細胞的這個應用，讓同事突發奇想，覺得如果用雷射夾來夾個小玻璃球，然後狂打真菌的菌絲生長點，會怎麼樣呢？這絕不是鬧著玩的，這是要知道真菌的感知能力所設計的研究呢！

呈現出的結果非常有趣。當真菌菌絲生長點被「毆打」的時候，可以觀察到受到壓力的菌絲開始試圖避開出現「毆打」現象的地方，就當菌絲生長避開壓力的時候，如果繼續用小玻璃珠往新的生長點「毆打」，菌絲會再一次試圖避開，最後，原本應該筆直生長的菌絲，生長成蜿蜒前進的樣子。同事把整個過程拍成影片，證明了真菌是「有感覺的」！

這個結果其實不令人意外，但是實際在顯微鏡下目睹「有感覺的」菌絲，還是覺得很不可思議。玩（樂在研究）上癮的同事，更進一步想要知道，如果用雷射光束做出一道彎曲的光閘，真菌會想要避開嗎？還是會直接「無視」地生長穿越光閘？結果也不令人意外，就像眼見被毆打的菌絲，避開出現毆打的點一樣，觀察到真菌避開雷射光閘，生長呈彎曲狀，非常令人印象深刻。

每一朵菇都知道自己的時間

有那麼一句俄羅斯諺語：「每一朵菇都知道自己的時間。[36]」指的是蘑菇會在特定的時節出現，年復一年。這是由於溫度的改變，還有晝夜光照時間的改變。晝夜節律系統無處不在。這個系統存在於從細菌到人類的所有生物體中，包括植物、昆蟲和真菌，功能在使關鍵的生化、細胞和生理過程，與循環的環境事件（主要是日常和季節性變化）同步。晝夜節律系統在藍綠藻、果蠅、阿拉伯芥和哺乳類動物的實驗數據上顯示，功能性的生理時鐘，提供了生物在適應性上的優勢。晝夜節律系統的相關性，也可以藉由基因表達的程度得到證明，藍綠藻的整個基因組、小鼠基因組中近一半的基因，和多達40％的紅麵包黴基因，都反映晝夜節律系統，且呈現有節奏地表達[37]。晝夜節律能夠在恆定條件下持續接近二十四小時，而且也受到外部物理訊號的影響，例如：日常光照和溫度循環。

一個簡單的晝夜節律系統模型[38]，包含了三個主要組成部分：中央振盪器（也就是所謂的分子時鐘，在物種間有高度的一致性）、傳遞環境訊號並使振盪器與外界同步的輸入路徑，以及允許晝夜節律系統調節大多數細胞的生理過程。其中細胞生理過程，包括了基因表達和細胞新陳代謝等等。如果培養基和環境條件剛好適合生長，許多真菌可以表達一種或一種以上的節奏性生長與型態，甚至是基因表達。雖然中央振盪器的機制和生理時鐘的精準度非常重要，但是真正最關鍵的是每天重置（節奏改變後，重新調整適應節奏）的能力。另外，真菌和哺乳類動物晝夜節律振盪器被光重置的機制，已經在紅麵包黴的研究上證實了[37]。

簡單地說，如果可以每天在早晨和黃昏的時候進行兩次的校正，那麼，即使是常常受到外界影響而不精準的爛手錶仍然會是有用的。而透過實際的觀察結果也得知，校正使得生理時鐘在許多不同的光週期中都很有用，即使在緯度高的地方，晝夜差異可以由六小時光照與十六小時黑暗的冬季，到十六小時光照與六小時黑暗的夏季，這個生理時鐘仍然可以發揮作用，感受環境線索作為一天中時間的依據。而自然界最可靠的環境線索就是光和溫度，它們作用於所有已知的生物時鐘上，儘管是複雜的生物體（例如：人類）也可以利用這些環境線索進行作息，例如進食時間與社交互動。

在遠古時候看見星光

博士畢業後，我繼續留在愛丁堡大學進行博士後研究，主題換成了真菌的感光受器。這個主題其實跟有性生殖仍是息息相關的，也跟一般真菌生理有很大的關聯，畢竟「燈光美，氣氛就會佳」不是嗎？這不是隨口說說的，不只是光的強度與週期，不同光波長也會影響著生物的生理機能。記得有一次去參觀臺灣某個食品大廠（我其實不常去參觀與真菌無關的場所，這一次算是很特別的行程），當中，他們有設置用來評估消費者對產品感受的「品評室」，雖然知道「品評」怎麼進行的，但是這麼高級的「品評室」真的出乎我的意料之外。這與我所了解的「品評」有很大的不同。我所了解的「品評」，應該像「廚神當道」（Master Chef）實境秀一樣，進行品評的主廚並肩坐在一張桌子後，好不好吃看表情就知道，還可以互相聊個天，討論一下。然而這個食品廠的品評室是一人一室，每個人都被單獨區隔開來，無法看見其他人的表情，更不用說還能聊天打屁。但是，這個品評室引起我注意的，不是一人一室的規劃，也不是潔淨裝潢的感受，而是「燈光」。品評室有紅燈、藍燈等不同波長的燈光，而且實際上，吃什麼東西用什麼燈光，的確會影響我們對食品的感受。而在真菌上也是一樣的狀況。

再回到愛丁堡，在一次在與植物系的聯合會議上，我詢問了有關光強度對啟動基因表達的問題。植物系的老師告訴我，在植物上，一顆光子就足以驅動植物的基因表達。聽到這個答案，我就像被冬天毛衣上的靜電電到一樣，汗毛豎起，眼睛也亮了。我不知道這個概念，在研究植物的領域當中有多麼普通，但至少對我來說是很令人震驚的訊息。於是我開始想像：「在遠古，一個新月的夜裡，一株小植株感覺到了星星的光芒，開始了基因的表達……」我神遊了零點五秒，然後又回到地球表面上了。事實上，布拉克鬚黴就可以偵測到一顆星光的亮度而改變行為[39,40]，這與我們所認知的真菌感光確實有些差異。

一般來說，真菌喜歡生長在陰暗潮溼的地方，雖然它們不像植物一樣需要吸收陽光，行光合作用將光能轉化成自身生存所必須的能量，不過，由於光是環境因子裡一個很重要的元素，所以沒有理由真菌可以無視光的影響。事實上，光對真菌的影響是相當大的，例如：孢子體晶瑩剔透的結晶水玉黴就是一個典型的例子。這種真菌在類似透鏡的子囊泡頂端，有著黑色的有絲分裂孢子，子囊泡的底部，有一個對光敏感的「視網膜」，這個「視網膜」可以非常精確地控制孢子囊的生長方向，並準確地指向任何光源。也就是它擁有向光性。具有向光性的原因，是為了要將子囊泡頂端的黑色孢子，朝光源處彈射出去。子囊泡內部產生的壓力，可以高達每平方公分有七公斤的壓力（7kg/cm^2）（1個大氣壓=1.03327 kg/cm^2，一般而言，汽車輪胎的胎壓大約維持在2.5 kg/cm^{2}左右），這樣的壓力足以將孢子彈飛到兩公尺外[41]。對於高度只有一至二公厘的結晶水玉黴來說，兩公尺

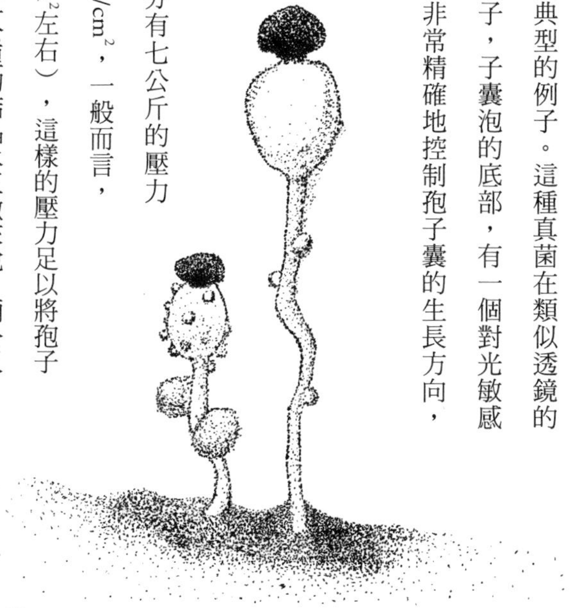

水玉黴。

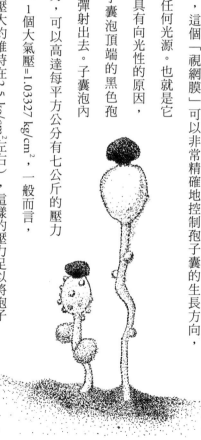

可是自己一千到兩千倍長度，彈射那麼遠實在不簡單。

就是那一道綠色的光

待在英國時的後期，我沉溺在真菌感光受器的研究當中，當時這算是一個新領域（現在應該也是很新的研究方向），在真菌基因體被定序之後，檢視與比對基因體當中所有跟感光有關的基因後，發現真菌的感光系統有別於植物與動物，真菌具有可以感受許多（全光譜？）波長的光，其中較特別的是綠光受器，這個綠光受器是綠色植物裡沒有的，也跟動物的綠光受器很不同。令人不解的是，真菌保留了這個綠光受器在基因體當中，但是其功能卻是一個謎。動物分辨顏色除了辨別果實的成熟度之外，也與求偶交配有關。但是，真菌呢？研究已知藍光與生殖有關，有些真菌也有明顯的趨光性。那麼，綠光的作用呢？

光是所有生物體發育的重要環境線索。對真菌而言，光代表著無遮蔽物，可以成功散播孢子。真菌生理對光高度敏感，光誘導效應包括無性分生孢子、生理時鐘、性發育和二次代謝物的變化。在整個光譜範圍內，從紫外線到遠紅外光，以及從星光到明亮的陽光強度範圍內，都可以感應到光。在分子層面上的詳細研究，揭開了真菌中的三種光傳感系統，分別是基於黃素的藍光感受器、紅光光敏色素以及與動物和一些古細菌的視紫紅質相關的視蛋白[42]。

真菌是具有許多感光蛋白，而且數量多達十一個[42]。這些感光蛋白分別可以偵測到近紫外線、藍色、綠色、紅色與遠紅外光。這些不同波長的光，控制著真菌中重要的生理和型態反應。這些生理反應包含了孢子的萌發、菌絲體的生長、有性與無性生殖的發育、生理時鐘的調節、趨光性的表現、生長緊迫的反應、二次代謝、致病性以及養分的吸收。藍光感受器的作用，是直接作為細胞核中的轉錄調控者，而紅光感受器和遠紅外光感受器，是以光敏色素為主，它們扮演著誘導訊息傳遞的角色，將訊號由細胞質轉導至細胞核。波長為綠色的光波可以被視蛋白（綠光接收器）接收，換句話說，也就是被視蛋白感知，但是目前訊息傳遞機制尚不清楚。

對藍光的反應存在於所有生物體中，包括原核生物和真核生物。真菌的藍光反應，已在紅麵包黴上進行了詳細研究，其中的影響包括類胡蘿蔔素的合成、原子囊殼的誘導和向光性、菌絲生長的誘導、無性孢子的形成和生理時鐘的同步過程。晝夜節律系統是一種生物鐘，使生物體能夠測量時間、預測環境因素的晝夜變化，並調節生長、孢子形成和相關的基因表達模式。晝夜節律又被稱為生物節律，是指週期性的產生來自內源，而不是受到外界的養分有無，或溫度變化所導致。

由光敏色素為媒介的紅光反應，也同樣出現在真菌當中，例如，小巢狀麴菌[43]在波長680 nm的光照之下會形成大量的無性分生孢子，但在740 nm光照之下或黑暗當中，反而會產生有性孢子和有毒的二次代謝物。

真菌還具有光吸收色素視蛋白[44]，這個視蛋白與跨膜的光吸收蛋白視紫質有關。視紫質被動物用於視網膜中的光感應，也被古細菌原核生物用來能量轉導。視蛋白在子囊菌和擔子菌中都有，並且被認為是藉由平行基因轉移自原核生物。它們在真菌中的作用尚不清楚。然而，紅麵包黴的視蛋白會吸收綠光，但是即使缺乏視蛋白這個基因，它也不會有明顯的外型改變。

在芬蘭的最後一年，我獲得了到挪威的一次演講與面試機會，我報告了最新真菌對光反應的研究，會後，我與一位教授討論。

「很令人興奮的假設，會是一大躍進的研究。」教授跟我說。

不過我心裡想的是，「給我工作我就給你大躍進！」最後，我沒有留在挪威。

埃及豔后與木乃伊

二〇〇八年畢業後，我邀請老尼克到臺灣一遊，順道到自己的母校演講。還記得我帶著老尼克由下榻的飯店出發前往學校的時候，老尼克在飯店外撥了一通電話給他的兄弟，在一旁的我聽到了老尼克跟兄弟間的對話。

老尼克：「你一定不相信我現在人在那裡」、「我在臺灣」、「哈！想不到吧，在哪裡？自己去查地圖啦！」

老尼克很得意地掛上電話，然後轉頭跟我說：「真想看看我兄弟現在臉上的表情。」

我則苦笑了一下，配合演出。心想：「真的是老尼克會幹的事沒錯。」

縱使聽過無數遍老尼克的演講，無論是在研討會、課程或是實驗室的會議上，也許有時候內容會有重複，但是那些為了符合每一場演講而新增的內容，總是讓人驚豔，或是會心一笑，就跟老尼克突然致電給兄弟，炫耀他人現在正在地球的另一端一樣，十足老尼克的風格，或許也是一部分英國人的風格吧？這也讓我想起一些當初剛到英國時見識到的驚奇（應該就是所謂的文化衝擊）。在這個網路暢通無阻，社交媒體多元，到處都可以輕易地取得資訊的年代，也許文化衝擊已不比「當年」，而所謂的「當年」也不過就是十多年前——這才是真的讓人驚嚇得不知所措的事情。科技飛快的進步，如果還只是原地踏步，自以為已經擁有了生活在這個世界上所需的所有技能的人，可能不僅會有文化衝擊，還會有科技衝擊以及其他預想不到的衝擊，例如，自大衝擊？

就在回想起老尼克到臺灣一遊的總總，讓我又聯想到（這不知道是不是奇怪的聯想或是跳躍過大的聯想），當你在提筆寫作的時候，無論是墜入想像或是回想起某個事件或是人物，是喜歡的，筆調就會變得柔和，是不喜歡的，文字就會變得異常尖銳。這就如同一位廣播節目主持人教我的（我被邀請上廣播節目談菇），即便是電話訪問，只要你是微笑的，你的聲音就會變得溫馨柔和，但是如果你是板著臉，認為「反正也不會有人看見我的臉」，那你的聲音就會變得跟臉部表情一樣僵硬。

這個道理很真，也很實用。所以，你看到我的臉部表情了嗎？

話說回來，在我二〇〇四年入學的時候，愛丁堡大學國王校區的達爾文大樓辦了一場新生歡迎會，歡迎在二〇〇四年入學的所有新生。身兼歡迎會主持人的某教授，為了讓大家能清楚看到他，在敲敲自己的酒杯之後，起身跳上了桌子。此舉的確有效，站在桌上的他，馬上變成了全場焦點。但這個舉動對我來說就是個文化衝擊！至少在我那個「年代」，臺灣的教授不會跳上桌，他們顧及形象，非常矜持，所以應該會在吵雜聲中，完成自己想演說的內容，然後默默地離開會場，因為自己的任務就是來發表一下演說，聽眾有沒有聽或是內容有沒有傳達給聽眾，不是教授關心的重點（這部分是我自己的想像，千萬別看到位置就坐了上去，對號入座了）。

沒錯，隨興的老尼克也幹過類似的事。

實驗室固定每年會到一個有點荒涼的蘇格蘭小島上去，一方面開會，一方面也是去離群索居一下。這個島名叫「蛋島」，面積三十平方公里，人口只有八十八人。剛到愛丁堡不久（也就是二〇〇四年），我也參加了當年的會議。因為自己人生地不熟，所以老尼克提議可以順道載我一起，開車由愛丁堡出發到渡船口岸，與實驗室其他同事會合之後，再一起搭船去蛋島。就在前往蛋島渡船口岸時，我搭著老尼克的車，老尼克問我要不要聽音樂。我知道老尼克是個音樂迷，但是聽的絕不是什麼古典音樂，而是會讓人跟著擺動，還會有點吵的音樂。老尼克把音量調大，搖下車窗，就像乳臭未乾的飆車少年，想讓全世界的人都知道，他的破爛車有著不錯的音響。這是文化衝擊。順道一提，蛋島上有一間酒吧，酒吧是英國人的命脈，無論多麼荒郊野外，你一定可以找到酒吧，密度應該比我們的便利商店還高。每次去蛋島，我們都會自己扛一箱又一箱的酒過去，而且算好了多少人，三天可以喝多少酒，算好足量還會再多買一些避免不足。但是，每次都在第一天晚上，就會喝光所有的酒，第二天之後，我們這樣一群外地人就會有點狼狽地窩在那間小酒吧裡，很安分地努力不將小島上的啤酒給喝光。

常常看見有人會嘲笑甚至貶低所謂的「英國研究」，說研究太天馬行空，研究太好笑，但是，科學的前進不就是需要一點想像力嗎？套一句愛因斯坦說過的金句：「Imagination is more important than knowledge.」[45]（想像力比知識更重要。）

再回到邀請老尼克來臺灣演講的故事。要由愛丁堡出發前，老尼克還問我，這演講需要穿西裝嗎？我跟老尼克說，這會是一場很輕鬆的演講，所長或是與會的人，沒有一個是真菌學的專家，所以就用淺顯易懂的內容簡介一下實驗室的工作即可。

也因為這樣，老尼克把此行定調成「旅遊」，而且他也真的「辦到了」！

在這場演講裡，老尼克用很簡單的方式闡述為何研究真菌要在真菌還活著的時候，而不是像一般細胞生物學，習慣把生物樣本弄死，再來研究。弄死的過程稱為「固定」，也許需要弄些化學物，將樣本盡量保留原樣，然後弄石蠟封住，切片，染色。這套系統在細胞生物學研究上已行之多年，也非常受用。但是真菌細胞（尤其是絲狀真菌）應該不太適合用「固定」的方法來做研究。因為菌絲就像巨大水管一般，裡面的物質持續地流動著，你「固定」到的那一刻，也許已經不是你想要觀察的片刻了。

所以，我們做的是活細胞成像，利用不會馬上殺死真菌，不會影響其生長與活動的染劑，標定特定的胞器，例如細胞膜，或是用基因工程標定胞器，例如，利用螢光蛋白來標定細胞核。然後在共軛焦顯微鏡下，利用特定波長的雷射，激發標定的位置，就可以清楚觀察到這些胞器，在細胞還是活著的時候所表現出的行為。

其實不難理解為何要大費周章觀察「活」細胞，就像老尼克在演講上的其中一張投影片上，所呈現的埃及豔后與木乃伊。這張突兀的投影片應該有讓快睡著的聽眾驚醒，或是正在這一張投影片才醒過來的聽眾，可能會誤以為自己走錯了棚。老尼克說：「活細胞成像，就像研究古代埃及人的生活一樣，到底是看著木乃伊會令人愉悅，還是看著埃及豔后呢？到底是研究木乃伊，還是研究活生生的埃及豔后，會更接近真實的古埃及人生活呢？」

「研究細胞生物學領域的你，是在研究木乃伊還是研究活生生的人類呢？」

學人精

觀察活細胞當然一定比死細胞來得更接近真實，只是，如果觀察的細胞或生物會騙人呢？這個詐騙技術的目的很簡單，就是想要「活」下去，絕不是為了害其他人（生物）。我們常常在生態影片或是書籍裡見到枯葉蝶，但親眼所見還是覺得很神奇，不可置信，怎麼會有生物長得那麼不像自己，而是像別人？

那是個晴朗的早晨，我正走在臺南龍崎的虎形山內的步道，一如往常，我會特別注意是否有菇的蹤跡，一段枯木上的白斑點吸引了我的目光，我靠近想要看清楚那段枯木，卻無意間驚動了一片「枯葉」。「枯葉」在沒有風的狀況下，卻振「葉」飛舞了起來，這是那一天的踏青，最令我震撼的一幕。

生物擬態並不稀奇，例如，偽裝成海藻的海馬以及偽裝成蘭花的螳螂。有一種舟蛾科的飛蛾，稱作圓掌舟蛾，在休息的時候就像一根斷裂的白樺樹枝，外型完全隱入森林不出色的牠，很難被發現，也是一個很成功的生物擬態例子。動物擬態有些為了躲避掠食者，有些為了掠食。生物擬態可以是動物模擬動物，動物模擬植物，或是植物模擬動物（例如：蘭花），而真菌，也會進行擬態。

真菌擬態植物

植物學家肯尼斯．伍爾達克（Kenneth Wurdack）於二〇〇六年前往圭亞那的一次採集之旅中，在凱厄圖爾國家公園發現兩種黃眼草上的花朵有些不尋常。與該物種的典型花朵不同，它們的顏色更深（橘黃色），緊密聚集而且具有海綿狀質地。然而，伍爾達克只把這個發現當作是一件偶然的事情，但是，在隨後的旅行中，他觀察到了更多這種奇怪現象的例子。伍爾達克開始尋找相關的植物文獻，最後了解到：這橘黃色的奇特植物根本不是真正的花朵，而且也非來自黃眼草。

事實上，這是一種鐮孢菌（*Fusarium xyrophilum*）感染黃眼草[46]，並造成該植物不孕，使其無法開花。然後這個鐮孢菌就劫持了黃眼草，進行一個尚不為人知的生物行為：寄生且製造偽花。這個偽花可引誘花粉傳播者前來，只是散播的不是植物花的花粉，而是該真菌的孢子。這一發現被認為是有紀錄以來的第一個此類發現，而且是個令人著迷的真菌擬態花朵的例子。有些真菌也會有類似的擬態行為，但是完全擬態成一朵花還未被發現過。例如，鏈核盤菌會感染藍莓灌木的葉子，雖然不會形成花狀結構，但是枯萎的葉子會反射紫外線，散發出類似於藍莓花朵的發酵味道並提供花蜜，這樣就可以吸引昆蟲前來[46,47]。鐮孢菌所產生的

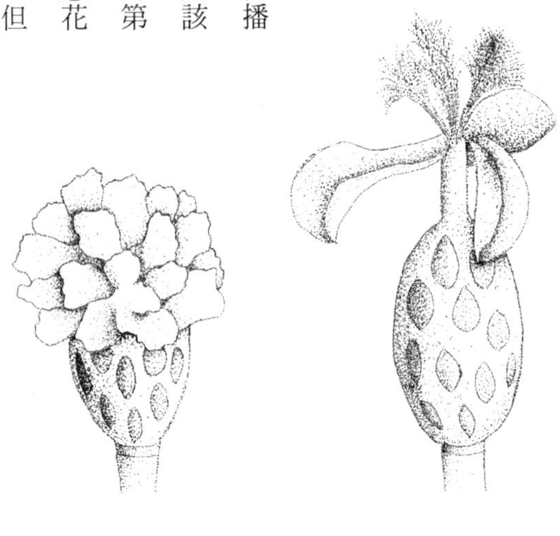

鐮孢菌感染黃眼草。

偽花一樣能反射紫外線，吸引蜂類，就跟真正的黃眼草所開的花一樣。不僅僅如此，鐮孢菌所產生的偽花，還會釋放多達十種不同的化合物，其中許多化合物會吸引昆蟲。鐮孢菌擬態黃眼草所開的花，可以說實在模仿得很到位，不僅外觀，連氣味都成功地吸引昆蟲前來傳播孢子。

植物擬態真菌

不只有真菌會擬態植物，自然界當中也有一些例子，是植物擬態真菌。如前所述，為了生存與繁衍目的，生物在演化的驅動之下進行擬態的改變，不僅僅是型態上的模擬，有些擬態甚至是氣味。在中南美洲的雲霧森林當中，有些蘭花就演化出一種解決繁衍不易的不尋常方法。因為在森林當中，可能因為光線不足，很少會有蜜蜂飛來為花朵進行授粉，這時候，這些蘭花就演化出不僅看起來像菇，連聞起來都像菇的策略。

小龍蘭屬的蘭花，其下花瓣（也就是脣瓣）演化成與森林中的側耳屬真菌長相相似，而且這些花瓣所散發出的化學物質，與某些真菌所釋放出的化學物質相同[49]。森林中沒有蜜蜂，那就吸引一些蚊蠅來授粉吧！這些蚊蠅會將卵產在菇上面，因此受到蘭花吸引，就能夠充當花粉傳播者。除了氣味，小龍蘭屬的蘭花萼片還具有特徵性的斑點圖案，這些斑點圖案更容易吸引蒼蠅。由這個植物精心設計，為解決授粉問題的演化大騙局，可以一窺在自然環境生活，真的不是件容易的事啊！

植物與真菌的擬態關係的類型

根據擬態生物所在的演化分類群、產生的擬態訊號類型（例如視覺上與嗅覺上）以及被模擬者（側耳屬真菌或黃眼草）、模擬者（小龍蘭屬的蘭花或鐮孢菌）和操作者（幫助傳授花粉的蚊蠅）之間的三向交互的方向性，模擬關係就能被歸類納出。這些關係很複雜，但誰說自然界很簡單呢？

在開始擬態的介紹之前，讓我想到在愛丁堡的時候，同事利用低倍率顯微鏡觀察，並記錄整個菌落的細胞核運動模式，細胞核是有標定綠螢光蛋白，所以可以清楚觀察到每一顆細胞核的運動。結果實在是令人驚豔！紅麵包黴是屬於多核的真菌，也就是一個細胞間隔當中，會有許多細胞核，有時甚至有上百個。這些細胞核移動時會聚在一起，在菌絲當中「流動」，在顯微鏡下觀察到的狀況就是一群聚在一起的光亮小點，往同一方向移動，看起來就像是天上的彗星，劃過黑暗的天空一樣，所以同事把這個現象，稱為細胞核彗星（nuclear comets）。不僅僅這樣，這一群群的細胞核，在菌絲當中的運動方式，就像公路上的一輛又一輛的巴士，在菌絲的交叉路口，如果遇到另一輛細胞核巴士，會有一輛停下，讓另外一輛先行通過後再繼續前進。有時候可以看到，在某個菌絲的地方，會有一兩顆細胞核決定要下公車，就會留在原地，巴士就會繼續前進。整個真菌菌落，就像夜間空拍城市的街景圖一樣，那一點點發光的細胞核，就像城市裡道路上的汽車車燈。

這個「模擬城市」實在太讓人覺得不可思議了！

再回到生物擬態。首先在「貝氏擬態」[50]中，例如，不會產生獎勵（花蜜）的鐮孢菌，模擬提供花蜜的黃眼草花朵，從而吸引無法區分這兩種類型的傳授粉者（即操作者）前來。在這裡，模擬者與被模擬者之間的關係是負面的，因為模擬者的數量增加，就會減少傳授粉者對被模擬者的造訪。然而，自然選擇偏好的狀況，是模擬者（鐮孢菌）的數量少（不常見）於被模擬者（黃眼草）時，模擬者（鐮孢菌）才會有機會，被留下來繼續存在，否則傳授粉者最終會學會，將偽花訊息與缺乏獎勵（花蜜）連結起來。因此，貝氏擬態的適應度，受到負頻率依賴性的控制，最後導致被模擬者與模擬者之間的模擬方式多樣性。另一種擬態是「穆氏擬態」，也就是，一個物種以鮮豔的顏色，警告掠食者自身具有毒性。所以，一些有毒真菌的雪白或是鮮豔顏色，是否也是一種穆氏擬態呢？但是，誰擬態了誰呢？而且雪白與鮮豔這麼極端的顏色，會不會其實跟擬態一點關係也沒有呢？

小龍蘭屬的蘭花，模擬側耳屬真菌的外型與氣味，而且會提供花蜜（獎勵）給來訪的傳授粉者，這樣的吸引也會造成傳授粉者造訪真正側耳屬真菌的次數增加，進而也會協助傳播側耳屬真菌的孢子，所以模擬者（小龍蘭屬的蘭花）與被模擬者（側耳屬真菌）一起展示繁殖器官（花與子實體）可以將吸引傳粉者的訊號最大化。在這裡，模擬者和被模擬者之間的關係是正向的（即兩者都有好處），模擬者的適應度受到正向的「頻率依賴選擇」的影響。這個互相得利的擬態，去除有毒物種的敘述，與「穆氏擬態」[50]卻有些相似。

第二部

芬蘭

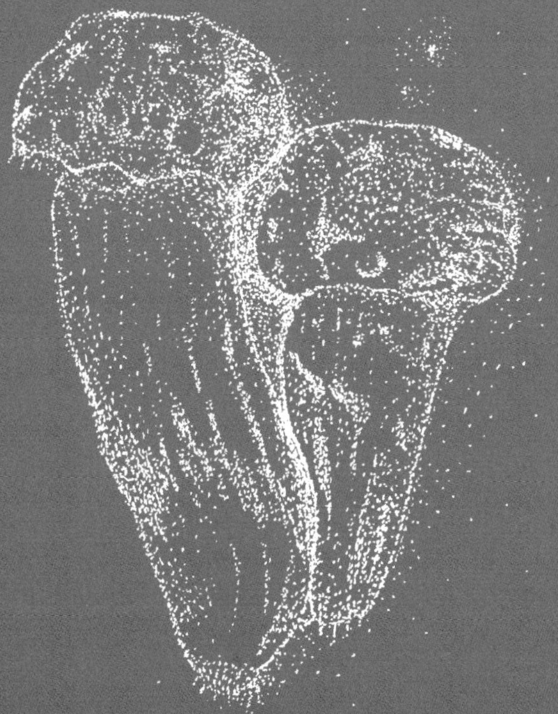

糾結不糾結

在英國的日子，我養成了進森林就開始尋找菇蹤跡的壞習慣，為何會說是壞習慣？因為，一路上我會拿起相機拍下所見到的菇，而這常常讓我在健行隊伍中落單。有時很專心在觀察或是幫菇拍照，一抬頭，其他健行夥伴已經都不見蹤影。不僅拍照，我自己也買了許多菇類圖鑑，但是菇類鑑定對我來說實在太難。光是已知的真菌數量目前就約有十五萬種，而且推測可能的存在數量約有兩百萬至一千一百萬種[51]。想到這龐大物種數量，也只能把自己永遠當作初學者，才能不斷學習。後來到了芬蘭，假日時我也會到森林裡走走，夏末初秋是北歐地區的採菇季節，人們會與朋友家人一起到森林裡採集可食用菇類，例如，牛肝菌、雞油菌、漏斗菌甚至黑喇叭菌，我往往可以很快地發現菇的蹤跡，而友人很驚訝我這個快速發現菇蹤跡的能力。但是，我總是開玩笑地說：「因為我根本看不見森林，我只看得見菇。」

一棵樹與一隻老鼠的生命價值

在不同的教育或生活背景之下，我們對於事物的處置與認知會有很大的不同，我不願將之歸咎於文化衝擊，而是以處事方法的差異來看待。在芬蘭赫爾辛基大學森林系的時候，我的研究主角是一株異擔子菌，這個異擔子菌之所以重要，是因為它會造成包含芬蘭在內的北歐國家，森林產業的嚴重經濟損失。因為感染異擔子菌的樹木，木材品質會大大降低，價格也會大跌，最後只能用作薪材之用。對於芬蘭經濟第二大產業的森林業，這個真菌的角色格外重要。

當聽到森林受到異擔子菌的嚴重感染，自己就腦補那個屍橫遍野，一片荒蕪的山地，或是「枯藤、老樹、昏鴉」般淒涼景象。直到實際到了「生病」的森林，對我這個森林生態大外行來說，我看到的是參天大樹，林下植被一片欣欣向榮，鳥兒在樹冠悠哉吟唱，蟲獸以森林為安居之地，風吹拂樹梢發出沙沙的詩意之聲。這片森林實在太完美，就像是童話故事書當中的美麗森林，何來問題？

其實，受到異擔子菌感染的松樹，可以生長不受影響地（應該說難以表面察覺的影響）

依舊屹立不搖百年，除非感染太過嚴重，可能會在某次暴風襲擊之後倒下。松樹面臨的主要問題還是經濟上的——追根究柢還是人類的問題。感染異擔子菌的松樹，木材品質會變差，品項外觀也會變差，成為次等木材，嚴重的也只能作為焚燒產生熱能之用。一棵生長五十年的健康松樹，可能可以賣上五十歐元，但是受到感染的松樹可能只有五歐元價值。健康良好的木材可以作為家具或是建築之用，相較之下染病的木材應用價值就大大降低。

在研究這個樹病的感染機制時，我會將真菌與樹木一起培養，記錄樹木的生長狀況，用顯微鏡觀察真菌入侵小樹苗細胞的狀況，每次實驗可能用上數十株自己由種子萌發種植的小樹苗。然後也會在溫室裡，用人工感染的方式感染已經生長兩、三年，大約有近五十株的樹苗。跟種苗場買樹苗，都會是百株為單位，每次送來就會塞滿實驗用的溫室。如果是更大規模的森林實驗呢？就是找一片健康沒有病菌感染的松樹林，然後將病菌放進森林，讓健康森林生病，這個真菌疾病會藉由根系傳給鄰近的松樹，也會經由孢子落在受傷的樹木枝條上，感染更遠方的樹木。

研究疾病，就先讓健康森林生病吧！這樣的做法實在很令人震驚，但卻是實際的做法。我是去瑞典開會，才了解到森林病害科學家們都是這麼做的。我當下雖然震驚不已，但是，這片森林即便受到感染還是會屹立不搖百年甚至數百年，所以，我到底在擔心什麼？只因為「將健康森林感染」這件事，讓我忿忿不平嗎？可是，研究人類疾病，不是也是這樣嗎？把疾病給了健康的小鼠或是其他哺乳類動物，然後再對染病的動物進行治療，評估治療方法的成效，其實是一樣的意思。只是，心中的正義魔人還是浮了出來，蒙蔽了我該理性思考這件事的背後意義？這世界真的有一刀切的是非對錯嗎？我想沒有。但是書裡面卻說有！然後我的腦袋浮出了這一句孟子的古訓：「盡信書，不如無書。[52]」

我自己也曾經做過動物實驗，是有關豬隻口蹄疫疫苗研發的時候，將建構好的ＤＮＡ疫苗，先行在小鼠身上做試驗。做動物實驗要考慮動物福利，必須申請核准才可以進行。我在進行動物實驗的時候，每一個分組有十隻小鼠，然後每個處理實驗必須要有三次重複，每一隻小鼠的生理數據都是重要的資訊，這幾十隻小鼠分析出來的結果如果不錯，有可能會是一篇論文的主軸。相較於整片森林的實驗，小鼠的重要性似乎大過於松樹很多倍。所以在森林系工作的期間，總是有些矛盾在心裡糾結，即便這已經是這個領域行之有年的「標準作業程序」。我總是覺得，生命的價值對自然界來說，理當一視同仁才是，會有貴賤與價值之分，完全是人類的標準。一棵松樹（即便是一棵小樹苗）與一隻老鼠都是一個獨立的生命體（如果要考慮共生微生物的話，那就要說是獨立的微生態系統），但是在人類的價值觀裡，一棵松樹與一隻老鼠是不同的，同為哺乳類動物，我們更重視小鼠，而對於只會變成家具或是建材的生物，我們大概不太會有比較強烈的感受吧！

人類的森林採菇故事

第一次見到白樺茸是我剛到芬蘭不久，參加一個森林蘑菇標本展覽會時。我看見一個攤位擺放著一個跟樹瘤一樣的黑色物體，外表像是被火燒過一樣碳化，裡面是深紅棕色。我詢問擺攤的採菇人，得到一個名字：「chaga」，又被稱為「樺褐孔菌」。後來，我則喜歡稱之為「赤腳」（臺語發音：tshiah-kha）。那時候因為沒見過這樣的「菇」，所以特別印象深刻，回家後特地查了這個「赤腳」的身世。了解到那是北歐很特別的傳統飲品，而且很特別的是，它是真菌感染白樺樹後形成的瘤狀物。

這個白樺樹的樹病，因為人們的使用以及稀少而變得珍貴，採菇人會在下雪冰封之前，到森林裡找尋這個樹病的蹤跡，採集後賣給有興趣的使用者。受到感染的白樺樹不會馬上死亡，也許還能立足個百年不倒。但是，對經營森林木材的農民來說，這個感染的樹木只能用作薪材，完全失去了被當作建材的價值。雖然感染白樺茸的白樺樹，其木材價值降低，但是那個「樹瘤」卻價值不菲！所以，何不來個大規模感染？增加森林的經濟價值！是的，跟異擔子菌大量感染健康松樹林的研究一樣，只是，這次是為了「經濟價值」。拚經濟在世界的每一個角落、每一個國家，都是管理者或是政府的第一要務。

但是，在描述提高白樺樹經濟價值的時候，一定也要與環保好好掛鉤一下，不然引起了抗議可不好。「蘑菇（指的是用白樺茸，以人工方式感染白樺樹）種植是一種環保的生產方法，可以提高土地利用效率。是一種增加森林糧食產量的生態友好方式。森林不再只生產木材作為原材料，現在還提供了可用作為保健品，甚至化妝品的優質蘑菇。」這個來自推廣種植樹病的廣告敘述，真的很吸引人。結合了白樺茸種植與樺樹汁生產，在二至四次收穫後的大約十五年[53,54]，一棵樹的價值就會被取用殆盡。而且，砍下的樹還可以出售作為薪材、提供纖維的原料、用作堆肥或土壤改良的覆蓋物。「而且，未砍伐的枯木還有助於生物多樣性。」

有趣的現象是，即便這個白樺茸傳說來自北歐或是西伯利亞地區，但事實上，就連芬蘭人也鮮少聽過這樣的神奇藥物或茶飲，在芬蘭的市場銷量也很小，主要市場在亞洲國家，船來的神奇自然藥物總是吸引嘗鮮的人們，總是有市場。大多數在芬蘭銷售和從芬蘭出口的白樺茸，都是從森林中採集到的自然生長白樺茸。這樣緩慢速度的自然採集，一方面去除了森林病害，一方面也因為稀少而讓白樺茸維持高貴身價。但是，因為「神藥」風聲傳出，所以需求大增，近年（二〇二一年報告）[53,54]芬蘭也開始積極人工感染種植，以應付未來可能的大量需求。只能說，經濟萬歲！

松茸的出日本紀

白樺樹與白樺茸的經濟故事，讓我想到看過的一本書《末日松茸》[55]，原以為是在描述日本的松茸養殖或採收。因為提到松茸，就一定會聯想到日本。但是，書中有那麼一段描述了芬蘭的森林業與採菇活動，讀起來特別有感覺，也真令人懷念起那一段在芬蘭森林裡遊走的日子。鮮少人知道，相信芬蘭人自己可能也不是很清楚，在芬蘭有松茸的採集，而且甚至還出口至日本[56,57]。

北歐森林當中的其中一個單調樹種：歐洲赤松，其實就是松茸的共生樹種。但是，二十世紀前，芬蘭人對於森林樹種的單調性並非一直特別看重，對松茸也不是那麼的有興趣。從十六世紀開始，隨著當地人使用火耕來創造更多的耕地或是其他用途，人類定居點漸漸蔓延到現在芬蘭的中部和東部。到了十八世紀和十九世紀時，芬蘭的森林也被砍筏用於生產焦油，來滿足採礦、造船業、農業、放牧、建築以及一般家庭所需。到了二十世紀初，芬蘭南部50～75%的森林已經過火耕。因為森林工業的發達，形塑了現在森林的結構與樣貌。現在，除了北部拉普蘭和芬蘭東部某些保護區的天然森林殘餘外，芬蘭已經沒有完全未受干擾或破壞的天然森林。採集松茸的風氣在二十世紀後半颳起。一九七七年，芬蘭和瑞典拉普蘭地區的松茸大豐收。因為這樣，十多年後，常見的瑞典松茸被進一步確認為與亞洲日本松茸的同物異名。到了二〇〇〇年，瑞典烏普薩拉大學的研究學者，根據DNA定序確認北歐的瑞典松茸與亞洲的日本松茸是同一物種[58]。

二〇〇三年，瑞典開始向日本出口松茸。二〇〇四年與二〇〇七年，芬蘭拉普蘭松茸迎來豐收，並在二〇〇七年秋季出口到日本市場。二〇一四年，松茸的採收又迎來豐收的一年，而且採菇季還持續了近兩個月。由於民眾已經漸漸熟悉松茸，所以採收到的人們，會將之留作己用或直接在芬蘭境內做買賣，所以那一年芬蘭並沒有向日本出口松茸。至少，在芬蘭的例子看來，松茸不是只有日本才有。只是，鑑定能力低下的我，就算是在野外遇見松茸，應該也會輕易錯過。

衷心佩服那些採集的專家，而真菌總是讓人意想不到。我就曾經由芬蘭朋友那裡聽到一個例子，朋友的媽媽從小就採蘑菇加菜，都當了阿嬤了，經驗老道的阿嬤也應該是真菌專家了，但還是誤食了有毒的真菌，造成神經損傷而失去了聲音。聽到這個例子，我根本不敢說自己有能力鑑定真菌，我永遠是初學者。

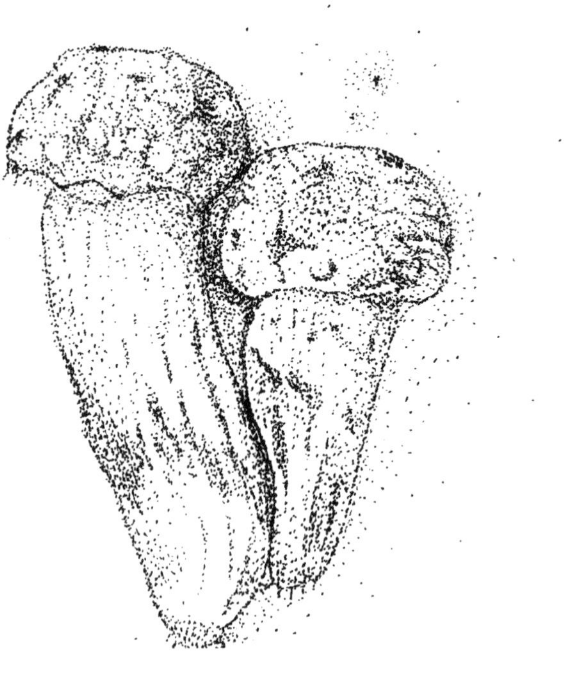

松茸。

提到芬蘭的松茸，那麼，臺灣有松茸嗎？海拔三千多公尺，森林覆蓋面積60％（二〇一五年數據），氣候型態含括熱帶、亞熱帶、溫帶與寒帶的臺灣，真的很難說有什麼東西找不到。臺灣也有松茸，被稱為臺灣松茸[59]，是日本松茸的一個變種，長在高山的二葉松林地，是松樹的共生菌，很稀有。有松茸共生的二葉松，樹齡約在二十到四十五年間，出現在林蔭為全日光的60～70％，落葉及腐植層厚度在三到五公分之間。循著這樣的資訊，運氣好的你，下一次進入臺灣的山林，也許就會遇到松茸界的臺灣客。

養出廚房內的黑鑽石

在英國時，我在「ebay」上網購了兩棵感染有夏季黑松露的冬青櫟，然後幻想三年後，我也可以在自己的院子裡採收被稱為「廚房裡的鑽石」的黑松露。但是，總是事與願違！夏季黑松露，是英國本土的松露品種，表皮黑澤，長著金字塔狀的疣突起。英國人自覺，與歐洲（義大利或是法國）松露相比，英國夏季黑松露受到的好評更多。我想這應該又是民族間的愛恨情仇，所造成的潛意識反射觀感。

美國的美食作家與歷史學家奧澤爾斯基（Josh Ozersky）將義大利白松露的香氣描述為：

「A unique aroma, a combination of newly ploughed soil, fall rain, burrowing earthworms, and the pungent memory of lost youth and old love affairs.」（新犁的土壤、秋天的雨、掘洞的蚯蚓以及對逝去青春和舊戀情強烈記憶的獨特香氣組合。[60]）

對於沒有吃過「新犁的土壤」與「掘洞的蚯蚓」的我來說，實在很難去體會這個美食作家到底是在說什麼。不過我還是喜歡英國人對自家夏季黑松露的直白風味描述，雖然大部分時間英國人講話總是拐彎抹角：「有堅果風味！」

我自己的體驗，是一次旅行到中歐，在市場買到了黑松露，結果嚐起來像「玉米」！當我這樣跟朋友描述的時候，總被嘲笑一定是買到假貨。但是，至少嚐起來沒有樂高的味道，應該是真的，而且我還用顯微鏡檢查過，確實看見一個子囊裡面有著四顆孢子。我想問題應該出自於我不是美食家，「玉米味」的描述已經是我的極限了，實在說不出像是「秋天的雨」這樣夢幻的味道描述。但是，其實問題也在，我買的不是現採新鮮的，因為現採新鮮的松露味道濃郁，會隨著儲藏的時間而失去原有的豐富味道。

一直以來，種植松露就被認為是一件傻事，因為人類馴服了這麼多的物種，但是松露卻還是放浪不羈，拒絕被馴服。縱使這樣，重賞之下總有「愚夫」。價格高漲的松露，讓懷有種植夢想的農夫趨之若鶩，最終出現了可養殖的松露。

美國松露公司在十九世紀的時候，開始嘗試用更科學的方法種植松露[61]。一八〇八年有一位法國人，利用採集自產松露的橡樹種子，試圖種植出松露。但是，這種方法並不精確，因為橡樹的幼苗根部並不總是能生產出松露。到了一九七〇年，法國國家農業研究所（INRA）的科學家們，利用直接接種松露到樹木種子，以便讓樹木種子能夠攜帶松露的方法，讓松露的養殖變得更可靠且可行。這個方法成功讓第一批商業化能夠產生松露的樹苗於一九七三年開始販售。現今，法國已經有約90%的黑松露是來自農場養殖。即使松露已經能夠養殖，但是法國、義大利和西班牙的松露種植園還是沒有能力生產足夠的松露來滿足消費市場。根據法國國家農業研究所的描述，自十九世紀以來，法國的產量從每季一千噸下降到三十噸。下降的原因，是農業變化和氣溫升高，長期乾旱耗盡了野生松露種群。

不過，人工接種的幼苗，在松露原產地的地中海棲息地生長良好，因這裡的土壤富含石灰石，人們嘗試在別的地方（國家）種植會生產松露的樹，但是通常都不會有松露收成。然而，得天獨厚的澳洲自一九九〇年代以來，松露種植園一直蓬勃發展[62,63]。

前面提到臺灣有松茸，於是在這裡，類似的問題又浮上心頭：臺灣有松露嗎？

臺灣林業研究所的高雄六龜分院的研究人員，在二〇一八年時，發現了本土白松露物種：小西氏石櫟松露[64]。而且準備在八年後開始產生可食用的子實體，大約十年後可以收穫用於烹飪。這是該研究所森林保護部門自二〇一四年以來，發現的五種新松露物種之一。二〇一七年在南投縣鹿谷鎮，溪頭自然教育園區附近，發現的另一種本土松露品種：深脈松露[64,65,66]，已在魚池鎮十公頃土地上進行商業種植。研究人員認為，臺灣有二十一種本土松露物種，其中至少有十種尚未被描述過[64,65,66]。

好吧，臺灣也能種松露了，跟上世界腳步了。松露是樹木的共生菌，所以基本上對樹木沒有傷害，反而有益處，但是，我擔心的是，那一群趨之若鶩勇闖山林的饕客，只為了採集到天然生長，吸收日月精華的原汁原味高貴松露，不惜前仆後繼進入山林。希望他們不會在美麗的森林裡，東挖挖西挖挖，胡亂挖，也希望他們能夠帶走不屬於山林的東西，如果沒有這樣，那真的不是山林之福啊。

樹木的全球資訊網

現在大家對於「樹木的全球資訊網」（wood wide web）這個說法已經漸漸耳熟能詳，也多多少少似懂非懂地由我們熟知的網際網路（world wide web）來解釋這個用詞。然而其實這件事早在一九九七年就由生態學家希瑪爾（Suzanne Simard）在《自然》期刊上首度揭露[67]。她在英屬哥倫比亞發現了樹根與真菌菌絲，在地底下組成了一個複雜的網路，互相交換營養物質與訊息，樹木之間也以這樣的方式，可以互相交換碳源。這篇論文之所以會如此重要，是因為地下真菌網路的發現，顛覆了以往的主流想法，認為互相競爭才是塑造森林的主要力量。結果事實剛好相反，森林生態學是一種物種間微妙的平衡，在這個平衡當中，物種有時會競爭，有時會合作。這個想法也對森林管理必須是單一樹種，除去其他植物，讓樹木可以擁有所有資源就能長得好的做法提出了質疑。

經濟與生態要取得平衡而且要共存，是我們一直努力的方向，但是，真的可以嗎？人類利用森林種植松露（英國），種植松茸（日本），種植白樺茸（芬蘭），提高森林的價值，姑且不論生態保護，在經濟面來說，這些森林利用的確是個不錯的想法，可以提高森林的價值。或是，開闢森林遊憩區，將遊客侷限在固定地區，讓森林其他地區可以有時間喘息，也是不錯的做法。

不過，樹木的全球資訊網告訴我們，健康的森林生態是需要一定的「亂度」，然而森林管理學告訴我們，能提供木材，能提供遊客造訪的賺錢森林是一定要「整齊」的。我好像看到矛盾點了，重點是，正在森林裡吸收芬多精的大家注意到了嗎？

靈芝王與靈芝

在芬蘭臺灣人協會的協助之下，我辦了一場簡單的演講，主要的內容是真菌。我實在很樂意把更多真菌知識傳達給大家。演講對象是在芬蘭的僑胞，大部分是到芬蘭求學的學生，也有部分是定居在芬蘭或是在芬蘭工作的國人。為了讓沒有生物背景的大家，能夠輕鬆了解這個跟我們親近，但我們卻對它極度陌生的生物，我花了一些時間整理了演講內容。當中，有比較貼近生活的內容，為了要解釋真菌的二次代謝物，我有一張投影片的標題是這樣的：「靈芝王比靈芝還厲害嗎？」果然，這標題很吸引人！演講過程中，我刻意避開這個標題的答案，沒想到大家還是想知道到底誰厲害！要知道答案，我們就由真菌的二次代謝開始說起。（怎麼感覺又再一次地迴避確切的答案呢？）

真菌的二次代謝

真菌透過代謝產生生存所需要的化合物，例如：醣類與胺基酸，這些產物又被當成材料進行代謝，就會產生我們常聽到的二次代謝物[68,69]。二次代謝途徑之間有許多的關聯性與交互作用。一種酵素可以催化並與多種產物發生反應，而且一種反應產生的產物，還可以是另外一個產物的基質，這樣的結果造成多種化學複雜的產物。這樣的描述實在有點拗口，但是我盡力了，而且相信我，慢慢讀會看懂的，不會睡著的。這些二次代謝物都是依照真菌的生存需求而形成的，例如，抗生素和黴菌毒素。在物種多樣化過程中，產生某些二次代謝物的基因，可能會被複製且發生微小的變化，進而演化成可產生更多化學產物的反應。真菌學家可以根據微小的顏色差異（例如，菇是肉桂色還是菸草色）來識別物種，就是二次代謝產物的分類群特異性之一。

二次代謝物的主要生物功能，是為了抑制環境資源的可能競爭者，這些競爭者可能會是細菌、其他真菌物種、阿米巴原蟲、植物、昆蟲甚至是大型動物。二次代謝物也可以是金屬離子的運輸作用劑，以及扮演與真菌共生的生物之間的溝通媒介，例如與微生物、植物、線蟲、昆蟲和高等動物共生時的媒介。真菌進行有性生殖時所產生的性荷爾蒙或費洛蒙，以及能夠作為細胞分化的反應物，這些也都屬於二次代謝物。

二次代謝物還有一個有趣的特性就是，其產生途徑的調節與孢子形成所受的調節因素類似。這種相似性，讓形成的孢子也可以產生二次代謝物，而且這些二次代謝物，可以調節孢子萌發的速度，例如，減緩孢子的萌發，直到環境中的競爭因素降低，且出現更有利的生長條件時。二次代謝物也可以保護休眠當中的孢子不被阿米巴原蟲食入，以及在孢子萌發期間，清理競爭微生物所留下的物質。這個真菌二次代謝物，可以說是真菌被商業化產品之後的最主要訴求點，我就曾經看過一種產品，外觀扁扁的像名片盒的樣子，但是卻標榜著衣櫃裡只

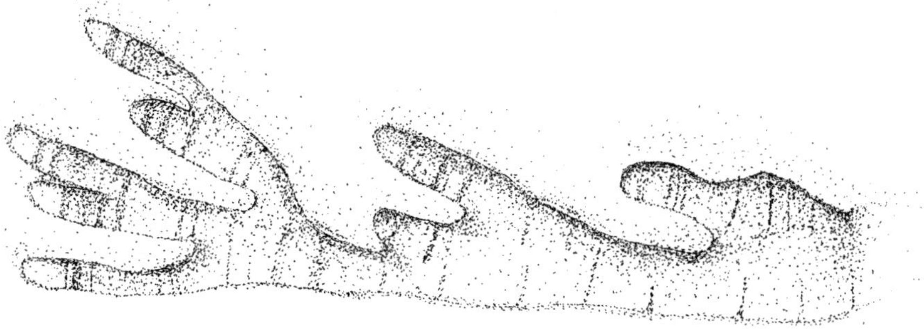

鹿角靈芝，利用調整光照與通風就可以產生外型如鹿角的靈芝。

要有這個盒子，就不會有發霉的狀況發生。這個盒子會持續散發抑制黴菌生長的物質，聽起來很神奇，會不會其實就是真菌代謝物所做成的產物呢？

子實體與菌絲體

對真菌有些概念的大家一定有聽過「子實體」與「菌絲體」。不過對於一般大眾來說，這些名詞可能很常聽到但很陌生。它們到底是什麼呢？如果以大家最熟悉的植物來比喻，菌絲體就是一棵植物的根、莖還有葉子，子實體就是一棵植物所開的花朵以及之後結成的果實。所以，基本上，子實體與菌絲體在功能與型態上是完全不一樣的結構，子實體是有性生殖的產物，菌絲體是營養生長的產物，所以兩者在代謝途徑上也截然不同。

以碳水化合物的代謝而言，在營養生長的過程中，糖原（在動物我們稱為肝醣）會積累到菌絲體中，在菌落成熟時分解，轉入生殖生長，反映了糖原在真菌發育中的儲存功能。對於營養菌絲體，葡萄糖含量隨著菌落生長而增加，並在完全生長的菌絲體中達到高峰。另外，成熟菌落所含的β－葡聚醣是生長菌落的一點五倍。而且分生孢子中的β－葡聚醣含量比營養菌絲體少[70]。

此外，形成分生孢子的菌落，當中的總糖量也低於營養生長菌落，這也顯示更多的非糖化合物，例如：蛋白質和脂質，在過程中產生。在菌絲中合成的糖、蛋白質和脂質可以轉移並儲存在分生孢子當中，為了孢子落在有利生長的基質上時，能夠快速萌發做準備。隨著基質中的營養物質被消耗殆盡，菌落會受到溫度和光照的影響，轉變為有性生殖結構或持久的靜止結構。在低溫和十二小時：十二小時明暗循環的誘導之下，菌絲體完全發育的菌落，就會進入有性生殖路徑，形成菇蕾。

在營養生長與有性生殖的過渡期間，葡萄糖的含量會下降，而糖原含量略有增加。當菌落被困在高溫和黑暗的環境當中時，菌核會發展為持久的靜止結構。與營養菌絲體相比，菌核中單醣、雙糖和糖原的含量不斷下降，β－葡聚醣會累積到占乾重的50％以上[70]。在菌核當中，β－葡聚醣不僅是結構成分，也是碳儲存的主要類型。

真菌以不同的發育路徑，包括營養生長、出菇和菌核形成，來應付環境條件的改變。這時候碳水化合物的代謝會受到嚴格控制，並且不同發育路徑會有很大的差異。產生糖原作為儲存碳源，可以在早期發育階段提供能量。儲存的糖原在出菇或菌核形成期間能轉化為β－

葡聚醣。調節碳代謝通量，以滿足適應特定環境條件的短期使用和長期生存的需求。

再談健康食品

靈芝在東方傳統社會裡被用作藥物和營養品也有幾個世紀，甚至千年之久。對於靈芝的研究非常多，由生態、生理到藥理都有，舉一個對奧氏靈芝的子實體和菌絲體進行的化學研究為例，發現其中有八種代謝物、五種甾醇以及三種萜類化合物可以由子實體中萃取出。然而由菌絲體中只可以萃取三種代謝物、二種甾醇和一種新的萜類化合物[71]。這樣的結果顯示，子實體與菌絲體所產生的物質真的有非常大差異。當然，這只是單一篇論文的結果，這個結果也不會就變成金律，多方參考才是正確的做法。

真菌類的健康食品，有些強調使用子實體，也有些是應用菌絲體的萃取物或二次代謝物。一般來說，有子實體食用是最佳的方法，但有些真菌形成子實體的人工條件不易達成，例如需要宿主或是配子，或是生長緩慢。所以只好利用菌絲體來代替。只是，哪一個才是消費者最佳的選擇呢？這時候就要看消費者的需求是什麼了。子實體與菌絲體皆可以經由培養基內容物的調整，來最大化生產所需的產物。但是，一般消費者應該也很難知道，這些子實體或是菌絲體培養所用的培養基內容物是什麼，因為這些多是業者的商業機密。就像老字號餐館的招牌魯肉醬裡面添加的「獨家配方」香料一樣。

好吧，講到這裡還沒給個明確答案，到底是子實體好，還是菌絲體好呢？就說這個世界不能一刀切地看一件事啊！但是，我只能提供個人的想法：如果有子實體（菇）可以吃（服用），我應該還是會忠於子實體，因為古醫藥書籍沒有要我吃菌絲體啊。好了，這只是我的想法。不過，我深信一定有很厲害的生技公司，能夠經由調整培養基生產出比子實體含有更多活性物質的產品。例如，紅麴就是利用菌絲體生產具藥用價值的產物，而且還得到了諾貝爾獎。紅麴之所以用菌絲體是因為產物來自無性世代的菌絲體。

有了日月精華，定能功力大增啊！

我有一位友人，自己有一處養菇場，種的是藥用菇類。太空包是買現成已經植菌好的，然後放進養菇場，等著出菇採收。因為這些藥用菇類是要用來製作保健養生產品之用，所以各種檢驗就不能馬虎。有一次，一批藥用菇類被驗出了農藥。友人也很納悶，因為種植的過程根本沒有使用農藥啊，而且也不需要用農藥，怎麼會被驗出農藥殘留呢？

關於這個，就要由真菌的生長聊起。真菌對生長環境非常敏感，生長過程很容易吸收或是累積環境當中的一些物質，累積過多，又被我們吃進肚裡，就會有危害健康的事實與疑慮。所以，這些農藥到底怎麼來的呢？

這個養菇場被農田圍繞，所以有可能農藥就是來自附近的農田用藥，因為噴灑過程氣流的因素，農藥被風帶進了養菇場，被正在生長的藥用菇類給吸收了。當然這個農藥殘留原因的猜測並不是憑空想像，因為這樣的汙染事件，在過往就曾發生過，後面章節〈養活一代臺灣人〉提到的洋菇，就曾發生類似事件。洋菇事業於汞金屬的檢出而開始崩潰，而且研究發現汞金屬可能來自附近農田的農藥使用。因為菇對環境敏感，所以容易吸收環境中的各種物質，當然也包含了無法分解、只能累積在細胞內的重金屬。

另外就是，有一次去朋友的豪華農舍拜訪。農舍坐落於四周都是稻田的鄉間，夏季微風徐徐，詩一般的綠油油稻田隨風波動，偶爾飛過的黃嘴八哥（外來種！）點綴著晴空萬里的淡藍天空……好了！我實在寫不下去了，讓我們回到現實面吧！事實上，當周圍稻田都開始噴農藥的時候，空氣中瀰漫著刺鼻的農藥味道，只能躲在豪華農舍裡，緊閉窗戶，期待陣風多個幾級，盡早颳走陰魂不散的農藥。還有，那個八哥真的很討人厭，咬爛豪華農舍旁種的水果不說，還逼得本土八哥（白嘴八哥）漸漸走向劣勢族群。

總而言之，農藥飄進菇舍被菇吸收是有可能發生的，不得不注意。

坊間一般都認為「天然的最好」，這個概念一點也沒有錯，只是這個概念該要與時俱進才是。在那個天清水明，鳥語花香，「汙染」這個字還沒出現在字典裡的那個年代。人們聞雞起舞，快樂務農，偶爾上山打點野味，採點野果與野菇。如果偶遇參天巨樹上的巨大靈芝或是牛樟樹洞中的橘紅牛樟芝，那真的是三生有幸能獲此靈藥以養生理。但是，現在臺灣經過數十年的工業突飛猛進，工廠如雨後春筍的出現，夾雜在片片農田之中，已經分不清是工業區還是農業區。這個時候，如果進入山林再遇上巨大靈芝或是傳說的神藥牛樟芝，我認為拍拍照就好，千萬別帶回家。一方面饒了這片疲憊的山林，該在山上的東西就留在山上吧！另一方面，也饒了自己拚命代謝每日毒素的身體，因為這吸收日日月月，歲歲年年空氣汙染數十年的「靈藥」可能比你想像的還要毒。

記得有一次到芬蘭北部極圈內的拉普蘭旅行，在一家當地超商裡看見一個很特別的商品：「罐頭熊肉」。芬蘭會在一年的某個時候開放狩獵，而這個熊肉罐頭就是這樣來的。會買這個罐頭，完全是出於好奇，根本沒有想要嘗試的念頭，而且光是看著罐頭，好像就能感受到撲鼻而來的腥味。我將熊肉罐頭帶回南部的赫爾辛基，很高興地展示這個戰利品給友人，閒談之間才知道，其實熊肉通常重金屬含量都很高。因為處於食物鏈頂端的熊，就像毒物吸塵器一樣，每年在冬眠之前都會瘋狂收集大地的精華（例如：重金屬），這些精華經由食物鏈的累積，全部都到了頂端上的王者。

野生靈芝是否會比養殖的靈芝來的好呢？那個吸收了日月精華，在野地裡的靈芝草人，食用之後一定會功力大增、百病盡除？倒也不一定！先想想，現在的環境與各種的汙染物質，這吸收日月精華的描述也許已經變成了包袱，而不是野味的加分項目。現在，農業從事人員的功力一年比一年厲害，養殖菇類更是已經系統化且標準化，要靈芝有靈芝王，要牛璋芝有牛樟芝王。所以，還希望藉由靈藥滋養生理的話，只要走進藥妝店或是保健食品店都能找得到，不必再翻山越嶺打擾山林，然後得到的是只能在夢中夢到的「靈藥」。

吾自水中來

在一次芬蘭中部採集之旅中，我跟著赫爾辛基大學的其他研究夥伴來到了一個人造林地。這片森林的某些區域，在一年降雨較多的時期會出現沼澤，為了方便研究人員進入採集或研究，會有用木板蓋起的步道。那些積水沼澤是帶點棕色的澄清水體，就像冰紅茶的顏色，在水體當中有一顆菇「泡」在水中，這顆菇吸引了我的目光，但是一個念頭閃過：「這菇是『長』在水中還是『泡』在水中？」

這積水應該不是一天兩天的雨所造成的，所以理當這個菇是長在水中才是。這顆生長在水裡的菇，當時是第一次見到。但大家都在趕路（要是天黑還在森林裡可不好玩），再加上那個木板步道只有兩個腳掌寬，只要有人停下來就會「塞人」，所以我就沒有停下來好好觀察，也很可惜沒有用相機記錄下來，也許是個新種也說不定。

水生菇

在奧勒岡州羅格河上游清澈、寒冷、流動的水域中，被觀察到有一種具有真正菌褶的脆柄菇屬真菌（擔子菌）在水下出菇[72]。子實體在河流不太會乾枯且長期被水淹沒的地方發育和成熟。科學家觀察這些菇在水下出菇的樣子長達十一週，而確認這些菇不是生長於木頭上，然後被水流沖入河中而沉沒河底的。這些菇原本生長的基質，有浸泡在水中的木材、礫

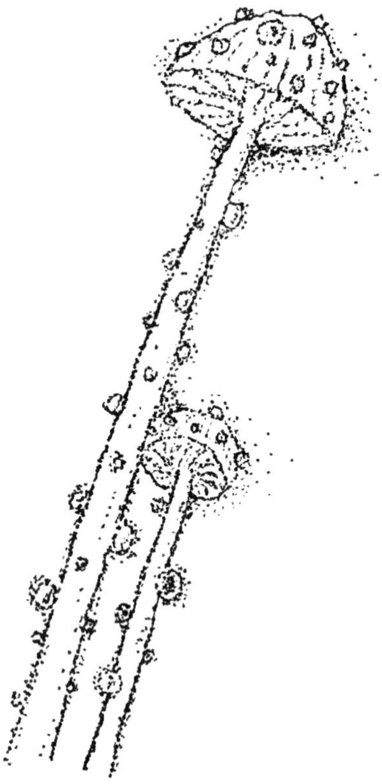

生長在水中的水生脆柄菇（*Psathyrella aquatica*）。

石和河床淤泥。後來進行DNA鑑定與外型的特徵都指向是新的脆柄菇屬真菌，並且命名為「水生脆柄菇」。

淡水中的水生真菌通常包括卵菌門和壺菌門的成員，以及一些水生絲菌綱中的擔子菌與子囊菌的無性世代。例如，短水盤菌就會在沉於流動低溫河流中的木頭上產生子實體，其孢子呈細絲狀並在水中傳播[72]。

在日本、泰國與哥斯大黎加都有發現其他能在湖泊中產生子實體的子囊菌，在阿根廷南部的湖泊和池塘中，也發現了一種具有光滑子實層的擔子菌：水生黏蓋傘，會在水中產生子實體[72]。

菌傘是菇最容易辨認的外型，其功能是容納與保護形成於菌傘下的菌褶。菌柄將菌傘撐起離開地表，讓菇可以輕易將孢子釋放至空氣當中隨風飄散。但是，擁有陸生菇所有外型特徵的水生菇，要如何釋放其孢子呢？其實若是把空氣換成水就很容易理解了。水生菇的孢子本身可能具有足夠的強度和彈性，能夠在水下的惡劣條件中生存，並被水流沖走。另外，具有疏水層的孢子，也許到最後會浮出水面，然後被空氣氣流帶走，傳播至更遠的地方。

物理因素：水

水分對地球上的所有生物來說，都是一個很重要的元素，不例外地，對所有真菌活動來說也是。因為真菌的細胞活動依賴著細胞含水量的調節。真菌菌落的水合和脫水，取決於生物體與其周圍環境之間的水可用性差異。「水勢能」（ψw）是量化可用水量，定義為每單位體積水的勢能。水勢能為零，指的是正常大氣壓之下的純水，溶解的溶質會使水勢能降低至負值。一般情況下，水勢能可以是滲透勢（Osmotic Potential）（$\psi\pi$）、壓力勢（Pressure Potential）（ψp）與重力勢（Gravity Potential）的總和。滲透勢就是水由滲透壓高的地方，向滲透壓低的地方流動的趨勢。重力勢指的是水受到重力吸引，而產生向下流動的趨勢，然而細胞間的水分流動，一般會忽略重力勢。壓力勢則是細胞中的水被細胞壁擠壓後，而產生向外流動的趨勢[73]。

影響水勢能的主要因子，可以由方程式來呈現：$\psi w = \psi p - \psi\pi$。單位為帕斯卡壓力（$Pa = N/m^2$）。[73]

這些簡單的考量常常因使用滲透壓這個專有名詞而變得複雜化，滲透壓的大小與滲透勢相等但符號相反，而且易與膨壓混淆：滲透壓不是膨壓的同義詞。另外，水勢能也受固－液界面（如膠體表面）相互作用的影響。

等一下！看完上面那段，別急著把書丟出一旁，就像以前物理老師對我們說的：「很有趣的！認真聽聽看嘛！」

反應水勢能差異的同時，水就會滲透進入菌絲。當細胞質的滲透勢低於菌絲周圍的液體時，就會有水進入細胞，然後細胞內的膨脹壓力升高，直到菌絲的水勢能與其周圍環境達到平衡。隨著菌絲的生長，其膨脹壓力趨於下降，但滲透勢的生理調節保持相對恆定的膨脹壓。滲透調節包含了溶質吸收和排出，以及包括糖醇在內的相容溶質的合成。在大多數情況下，活躍的生長菌絲體，其水勢能與其周圍環境的水勢能會趨近平衡。

水勢能和真菌環境

真菌活動無論是表現為植物病害、材料發霉、木材腐爛，還是田野和林地出現的菇，在潮溼條件下最為明顯。這與大多數真菌在高於-1MPa的高水勢能下，可以生長最佳的實驗結果一致。這也是為何常用真菌培養基的設計，一般都添加2％蔗糖，因為如此水勢能就在此範圍內；0.4 M蔗糖，相當於14％的溶液，就具有-1 MPa的水勢能。在較低的水勢能下，菌絲生長速率逐漸降低，直到生長停止。例如，大多數破壞木材的真菌不能在低於-4MPa的水勢能下生長。低水勢能是抑制真菌生長的傳統食品保存方法（如乾燥和添加鹽或糖）的基礎。然而，卻有一些真菌適合在非常低的水勢能下生長，它們通常被稱為嗜滲壓微生物或耐旱生物。儘管大多數真菌都具有滲透壓耐性，但還是在相對較高的水勢能下生長最好[74]。

許多酵母菌、麴菌以及青黴菌是有耐滲透性的，並且是食品生物性變質的重要因素。有些真菌的耐受力也常出乎意料之外，例如，在安地斯山脈高地非常乾燥的地方，就生長著一群小壺菌目的真菌。在如此嚴苛的生活環境下，竟然可以發現多半是生活在淡水中的壺菌，的確很令人意想不到。到底這些耐旱的壺菌是怎麼來到高山上的？根據推測，它們應該是一路被草食動物帶往山上而住了下來。目前已知最具抗滲透性的真菌，可以在-69 MPa的水勢能下生長。南極洲乾燥的岩石山谷，土壤水勢能約為-90 MPa，所以是無菌的，除了降雪後的短暫微生物生長和相對潮溼的微環境（如岩石裂縫）之外[74]。一些真菌的孢子能夠藉由形成不透水的細胞壁來逃避乾燥的威脅，並且可以在極度乾燥的條件下存活，直到環境水分再度回復後，繼續生長。

水活性與食品

既然提到水分對真菌生長的影響，我們也來了解一下與生活更為接近的議題：也就是發霉問題。水活性主要指的是食品的水分含量，由0~1.0。水活性越低就越不容易孳生細菌或的黴菌，食品也就更容易保存不易腐敗。

食品依照水活性區分的話，分別是生鮮蔬果與魚肉是0.9~1.0；肉乾與蜜餞等半乾性食品是0.6~0.9；乾燥穀物的話是小於0.6。一般來說，黴菌生長的最低食品水活性為0.8，但是有些耐受度高的真菌，即便是低的食品水活性，仍然可以生長。

海洋真菌的身世之謎

了解了水勢能，也知道一點水活性，那麼接下來，就不能不討論一下生活在地球上最大水體：海洋，以及當中或相關地理環境的真菌。海洋真菌的研究一直進行得非常緩慢，也許因為研究難度與被公部門重視的程度不高所致。近年來，因為氣候議題越來越被重視，也一直在不同的研究領域當中被提起，尤其是海洋，再加上臺灣四面環海，海洋實際上對我們來說是重中之重，更需要關心的一個環境類型。

有一群真菌，習慣生活或是被發現在低水勢能的海洋相關環境當中[75, 76, 77]，例如浮木、紅樹林、海洋環境中的土壤和沉積物、海水以及死亡和腐爛的海洋動物屍體，被稱作海洋真菌。目前我們對這一類真菌研究仍然不多，對它們的生活也了解有限。海洋真菌可以適應高鹽度、溫度和苛刻的酸鹼度，這些有別於陸生真菌的特性，增加了生物技術應用上的多樣性。了解海洋真菌在極端環境中的適應性，將有助於開發出能夠應付極端氣候，並在不斷變化的氣候條件下生長的基因轉殖作物。

然而，這一類真菌也同樣受到環境變遷與海水溫度升高的威脅，我們藉由了解這些選擇極端棲息地的海洋真菌的生態學和演化，可以了解海洋真菌對氣候變化的適應。海洋真菌會產生各種細胞外分解酶，例如：纖維素分解酶、木質素分解酶和木聚醣酶。一些酶與深海的養分循環有關，它們可用作養分循環過程中的潛在指標，例如：深海中的鹼性磷酸酶藉由有機酯的催化，在自然界中無機磷酸鹽的回收再利用中發揮著重要的作用。真菌可能也與深海沉積物中腐植質的聚集累積有關，這些聚集累積物的形成，使細胞外分泌的酵素聚集在分泌的生物附近，因此形成一種保護劑，有助於整個沉積物養分循環。然而，更大範圍或是其他細節的海洋真菌生態功能仍是個謎，例如：植物和藻類屍體與廢棄物的分解、化學防禦功能、致病性、共生以及對各種宿主和生活在其內部或周圍的許多其他物種的集合群的貢獻等等。

關於海洋真菌生態學和演化的研究很少，因為被記錄的海洋真菌類群比棲息於陸地上的真菌類群少；廣大海洋還有許多地區仍未被探索、趨同演化可能掩蓋了演化關係、大量海水稀釋了任何可用的環境遺傳物質的證據。不過，因為基因體定序已經變得方便又便宜，所以用這個工具來研究海洋真菌再適合不過了，藉由使用分子技術和基於培養的方法，來自許多海洋環境的新環境序列將對真菌多樣性做出重大貢獻。

只是，對於基因定序確認海洋真菌這一點，總有一個疑問環繞在我的心裡，這些定序出來的「海洋真菌」是土生土長的海洋真菌嗎？還是經由大氣飄散而來的真菌，或是由河流沖刷進海洋的海洋衍生真菌？因為定序了「殘骸」實在很難得知歷史脈絡。

其實，海洋真菌有被仔細討論過，而且決定被定義為能夠「在海洋環境中生長和／或形成孢子（在基質上）的任何真菌；與其他海洋生物形成共生關係；適應海洋相關環境且正常代謝生長」。過去，海洋真菌被視為外來物種，物種相對較少，豐富度較低。有了這樣的明確定義，再利用現在基因定序的技術，以後定能讓海洋真菌研究突飛猛進。

臺灣的海洋真菌研究，目前做了一些調查了解這一類真菌的分布。許多紀錄都是在紅樹林基質上發現的，包括固定生長和漂流的紅樹林植株。臺灣有大約二十二個紅樹林區域，其中一些區域由沿河的紅樹林邊緣組成，總面積達二百八十六點九五公頃，在二〇〇二年的研究中，就記載了五十九種生長於紅樹林和海洋岩岸環境中的海洋真菌。其中三十三種來自紅樹林環境。到了二〇〇九年，發現的種類來到六十九種（五十二屬）[78]。

為五斗米折腰的研究員

海洋真菌研究，最終還是來到了「開發新藥」，跟後續要談的太空真菌有點相似的狀況。人類積極要由未知的領域找尋可以保護人類的任何東西，例如：新的抗生素或是新的疾病治療藥物。身為人，沒有人會否定這些努力。海洋真菌研究，從漠不關心到現在慢慢有熱鬧起來的跡象來看，因為喊出了深海裡的大鳳梨裡可能藏有拯救人類的神祕配方，這讓藥廠的眼睛亮了起來，政府的口袋稍微打開了一點，露出新臺幣的一角，把嗅覺靈敏的研究學者弄得手心出汗，心跳加速。

喊破喉嚨的生態第一，還不如一帖拯救人類的新藥來得擲地有聲。因為這樣在過去幾年裡，有一群的研究人員開始專注於研究海洋生物的醫藥價值，開始發現具有抗菌、抗病毒和抗癌活性的二次代謝物。再加上高通量測序技術和質譜技術的進步，基因組和代謝組學方法，進一步證明這些發現對人類的重要性。

賓果！從此海洋生物的研究有人關注了！

海洋微生物包括許多仍有待鑑定的生物，而已知的生物在生物技術應用中仍未得到充分利用。出於這個原因，不可否認的是，探索海洋真菌群落，包括新的棲息地和基質，即使是那些遙遠的地方，對於描述地球真菌群落的真實規模相當重要。海洋真菌是一種生物化學多樣性的生物群，代表了來自天然化合物的新生物活性物的潛在來源。海洋真菌產生的二次代謝物包括萜類、類固醇、聚酮化合物、胜肽、生物鹼和多醣類[79]。這些代謝物主要與抗菌、抗癌、抗病毒、抗氧化和抗發炎活性有關。因為這些活性物質的應用範圍廣，所以大有前途，它們可以被用於藥物發現和醫療、製藥、農業和化妝品上的應用。除了作為生物活性化合物的來源之外，海洋真菌還因其生物修復的代謝能力而受到重視。例如：有助於分解頑固的植物細胞壁物質和環境汙染物。

以上一大串摘錄自論文的敘述，讓我們知道海洋真菌真的很重要，但是，這些其實都只是真菌的基本能力而已，陸地上的真菌一樣有這些能力。不過，如果背後的真正目的是為了海洋相關生態的資金取得與關注程度，我完全可以認同與支持，甚至喊出「海洋真菌救人類」，也是出自內心的。

有了研究經費，就可以偷渡一下內心所屬，魂牽夢縈且真心嚮往的基礎研究，這是一些還抱持研究熱血的科學家卑微的期望。即便是與產業合作，當然也能走出研究的康莊大道。有時候會有很深的感觸，有些學者或是外界老舊觀念的衛道之士會認為：學術是高尚純潔的，不能沾染銅臭味。但是，資金來源是政府機關就沒有銅臭味了？只有來自業界的資金才會有銅臭味？銅臭味真的香，尤其幫助那些嗷嗷待哺的助理教授，升上永久職副教授的時候，味道更香。臺灣的研究人員真的是低薪一族，投入的心血與時間得到的是不成比例的報酬。只有少數出了名的研究人員才得到了該有的關注，其他那些默默努力的，就只能繼續苦撐。

每年看著搞笑諾貝爾獎的頒獎，那些得獎者的研究內容不僅僅讓人會心一笑，我也由衷佩服他們堅持的研究熱忱。那些真心喜歡研究，待在實驗室絞盡腦汁沒沒無聞的研究人員，可能是充滿理想的博士班學生，可能是研究助理，可能是菜鳥博士後研究員，可能是滿腔熱血的助理教授，這些人比起夠資格拿到諾貝爾獎的「大老」還要令人敬佩。雖然有一天他們也可能變成大老，然後位置換了，連腦袋一起換掉也有可能，但是人之常情，也別太苛責。至少曾經在研究生涯的某一刻，小宇宙曾經不計代價地爆發過，這樣就值得了。

呼吸一口溫度

在芬蘭，夏末初秋是採集菇類與發現菇類的最佳季節。這時候，多雨低溫的氣候刺激了許多菇類產生子實體，常見有雞油菌與牛肝菌。採集菇類的季節可以持續到十月，第一場雪開始落下為止，即便這時候夜間的溫度已經在冰點以下，還是可以看見菇類的蹤跡。森林裡不同真菌有不同適合生長的溫度範圍，但是許多真菌物種，是無法在攝氏三十到四十度的高溫下生長的[74]。也因為這樣的溫度限制，讓真菌多是感染哺乳類動

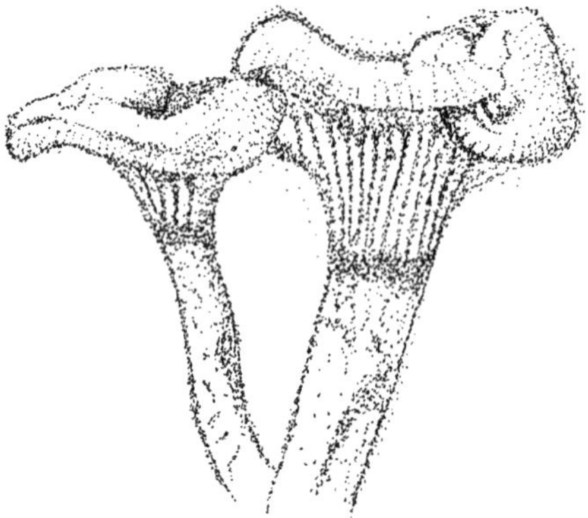

冬季雞油菌。

物的外部（外表皮），而比較少侵入體內（當然絕大部分是免疫系統發揮作用阻擋入侵的真菌所致）。但是，一旦有能夠耐攝氏三十七度高溫生長，又在人體免疫力低下的時候侵入人體，那麼就會造成致命性的影響。

撇開高溫菌不談。記得有一年的十月，跟家人與友人一家一起去了冰島一趟，目的是要追尋與觀賞地球上最美麗的自然景象：極光。我們一行人旅行了整個冰島大概三分之一圈。由於十月是冰島剛好下初雪的月分，一路上景觀多變：有整片的黑色沙灘、覆滿青苔的綠色岩石地、被白雪覆蓋的草原，還有漂浮著冰山的寧靜海灣，甚至連火山爆發都看到了。就跟二〇二二年上映的日本動畫電影《再見了，橡果兄弟！奇蹟的暑假》當中的冰島一模一樣。不過，這些都比不上我在住宿小木屋旁發現的一朵菇。那時氣溫接近冰點，但是這菇卻快樂地生長著。它一定是被稱為「耐冷菌」的真菌，可以在冰點附近或更低一點的溫度下生長。如果是必須在攝氏二十度以下溫度生長的真菌，就會被稱為「嗜冷菌」，例如，被俗稱為「雪黴」的真菌，會生長在被雪覆蓋的草或是未收割的作物上，然後殺死這些植物後產生黴菌毒素，當雪融化，草食動物食用或是人類食用後，就會造成問題。

溫度能量波

我其實是很愛物理，也對物理當中的各種現象著迷，但是，我的物理夢僅止於閱讀，那些計算式子是我的罩門。然而，地球上的生物卻處處受到物理學的影響，所以不能不談。光與溫度都是一種能量形式，也可以解釋為輻射，兩者皆有波長與頻率。這是物理對這兩個自然現象所做出的描述。溫度是地球上，除了光以外最可靠的環境變量，因此它會影響所有已知生物時鐘的相位。許多真菌的最佳生長溫度為攝氏二十到三十度，例如，在動物糞便當中發現的水玉黴，如果在攝氏二十度以下不能生長，則被描述為嗜熱性。有些耐熱菌種能夠在攝氏五十度或更高的溫度環境下生長，但溫度低於攝氏三十度卻無法生長。這種嗜熱菌種通常生存在堆肥發酵的環境當中。在腐爛的植被和堆肥堆積時，經常會遇到遠高於攝氏四十度的溫度（來自發酵產生的熱）。渺小白黴、嗜熱毛殼菌和黃嗜熱子囊菌就是住在堆肥當中常見的的真菌物種。還有，對溫度需求比較特殊的就是紅麵包黴（〈真菌A片導演〉中也有提及），有性孢子萌發溫度需要高溫攝氏六十度熱刺激才會發生，與生長最適溫度截然不同。然而，紀錄中真菌生長的最高溫度是攝氏六十度。有嗜熱菌種，當然就一定會有嗜低溫菌種。例如：「灰雪黴」以及「粉紅雪黴」這兩種真菌會在春天來臨，雪剛融化的時候生長，造成草皮的死亡。它們也會造成冷藏食品腐敗。在南極寒冷乾燥的山谷中發現的少數微生物之一，就有酵母（單細胞真菌）。除了極端的溫度需求真菌之外，大部分的真菌生長既不嗜冷也不嗜熱，喜歡溫和適中的溫度，這一類被稱為嗜溫菌[74]。

碳足跡

除了溫度之外，我們呼吸的空氣成分也影響著真菌的生長，因為真菌也跟我們一樣，吸著氧氣，吐出二氧化碳。菇類在不同的生長階段時，對於二氧化碳的忍受程度也不同，一般在菌絲生長階段可以忍受較高濃度的二氧化碳，濃度可以介於3,000~10,000 ppm，太過頻繁的換氣（提供新鮮空氣）反而會讓菌絲的生長速度變慢。到了出菇的階段，真菌會需要大量的氧氣，這時候的二氧化碳濃度要更低範圍，介於500~2,000 ppm，每個物種的狀況不一[80]。也許這樣的數字對大家來說很難體會，到底500 ppm 跟10,000 ppm是什麼概念？以我們自己為例，地球大氣中的二氧化碳濃度逐年增加，平均已經超過400 ppm。而根據行政院環境保護署二〇一二年十一月所公告的「室內空氣品質標準」，室內二氧化碳濃度標準為1,000 ppm。而且，人類處於5,000 ppm高濃度二氧化碳環境下，連續八小時就會嚴重危害到生命[81]。菇類在菌絲生長之時，通常在土壤、腐質層或是樹幹當中，所以可以忍受低氧氣和高二氧化碳的環境，但是到了生長子實體的階段，就跟我們差不多，是需要氧氣以及低二氧化碳的。所以菇舍的通氣設備對於能不能種出好菇，有很關鍵的影響。

在出菇期的時候，二氧化碳濃度對菇蕾數量、開傘程度會有所影響，而且在菇蕾形成初期，如遇環境的二氧化碳太高會抑制原基體的形成與發育。另外，二氧化碳較高的環境也會導致較多菇蕾之形成，進而導致菇的品質欠佳，甚至出現畸形菇。在靈芝上面的研究也顯示，在菇體發育期如果二氧化碳量太高，則會使其不易形成朵朵靈芝的樣子。也因為這樣，有藝術家利用控制光線與二氧化碳濃度，讓靈芝長出奇特的造型，變成盆栽與活藝術品。

以上是菇類生長時對環境二氧化碳的敏感程度，如果換個角度來看，例如，種植菇類會產生的二氧化碳排放量是多少呢？根據統計，消費一公斤的菇會產生一點一公斤的二氧化碳當量，由這個量看起來，菇類算是低碳足跡的食品。相較之下，消費一公斤雞肉就會產生六點八八公斤的二氧化碳；消費一公斤豬肉就會產生十二點二二公斤的二氧化碳；消費一公斤鮭魚，就會產生十二公斤的二氧化碳；消費一公斤奶酪，二氧化碳排放量為十三點五公斤；雞蛋每消費一公斤，產生四點八公斤二氧化碳；青花菜每消費一公斤，會產生兩公斤二氧化碳；每消費一公斤豆腐，二氧化碳排放量為二點二公斤[82]。

一場孢子帶來的真菌雨

根據聯合國糧食及農業組織二〇一〇年的報告[83]指出，森林占全球陸地表面積的30％。森林對地球生態來說，是維持正常運作的重要因素，氮在土壤中的移動變化，可能會改變森林藉由與森林真菌群相互作用，來進行固碳和抵銷氣候變化的能力。在森林當中的高等真菌（會形成形形色色菇的真菌，大多是擔子菌）釋放出的孢子，飄散至大氣裡的時候，實際上可以凝結水蒸氣造成降雨。這是真菌默默在進行，對環境非常重要且鮮為人知的事實。一朵菇每天可以產生三百億個孢子，而且研究統計指出[84]，每年大約有五千萬噸的孢子進入地球的大氣層。這怎麼算出來的呢？其實是利用大氣中的甘露醇含量所推估出的數據，而甘露醇是大量存在於真菌孢子表面上的一種糖醇。

雖然真菌孢子可能藉由充當形成雨滴的核[84]，而間接地增強降雨事件，聽起來有點難以置信，但卻越來越被認定是正在發生或是一直發生的事情。隨著每年採菇季節的到來，當你提著籃子衝進森林且開始瘋狂尋找每一朵菇的時候，請冷靜思考一下「菇－森林－降雨－氣候」這樣的連結，真的會令人著迷。我們擁有的森林生態系統越不受到干擾，我們就會發現更多的菇在森林裡出現。隨著更多真菌在森林裡生長或是出菇，就會產生更多的孢子，更多的孢子進入大氣層，就可能有助於增加降雨，降雨滋潤了森林，從而進一步促進菇的生長與形成。多麼美麗的生態連結啊，我都感動到頭皮發麻了！下次當雨滴由天空中落到你的臉頰上的時候，如果你有看這本書，你就會想到要感謝在森林裡努力製作孢子的地面生物。但是，如果你是在工業區附近，也許這個雨滴會讓你的臉部刺痛，記得要趕快用水沖洗乾淨，因為很可能是空氣汙染所造成的酸雨，也要記得撐傘或是戴上帽子，因為酸雨會造成落髮，不能輕忽。

聽見自然

有一次無意間在網路上，看見一個實際在販售的產品廣告與內容物，讓我大笑了很久。包裝上這樣寫著：「立馬與幽浮與外星人接觸。」（Make instant contact with UFO's and aliens），包裝裡面裝的是迷幻菇。這應該只是藝術家的傑作，而非真正的商品。會想到這個是因為看到捷克作曲家哈勒克（Vaclav Halek）自稱受到菇的啟發，在山林間採集菇時，「聽見」來自蘑菇的音樂，並創作了數千首的「蘑菇旋律」。見到，「啟發」再加上「真菌」，就讓我想到這個藝術家設計的產品。當然，也許我多慮了，也許這是人類受到自然啟發而轉化為樂曲的例子，就像文學創作一樣，不過，在這裡，讓我覺得更有興趣的問題是，菇能不能「聽見」呢？孢子雨讓我想到了夏季的午後雷陣雨，這引起了我的好奇心：真菌能聽見雷聲嗎？能感受到聲波嗎？我們知道，聲波毋庸置疑對一部分的動物來說是非常重要的環境資訊，我們也知道聲波會一定程度上影響植物的生理活動，例如，2kHz聲波頻率下的植物，其體內的糖分組成就會受到影響。超音波或頻率>20 kHz的聲音是人耳聽不到的[85]。那對於真菌呢？

研究指出[86]，特殊的聲波的確會影響米麴菌產生酵素的比例。例如，將米麴菌在1kHz聲波頻率下養殖，其蛋白分解酶的活性會下降。如果是6.3kHz聲波頻率的話，麥芽糖酶活性也會開始下降。在16kHz聲波頻率下，雖然胜肽酶活性下降，但是蛋白分解酶的活性卻上升。研究在6.3kHz頻率下，聲波強度對酶平衡的影響時發現，儘管強度改變，但酶比率（α－澱粉酶：葡萄糖澱粉酶）仍然維持在大約3.4。由結果可以得知，聲波的頻率比強度對酶平衡的影響更大。

商業上使用土麴菌的發酵，來生產洛伐他汀。雖然高強度超音波可以有效破壞微生物細胞，但低強度超音波卻可以提高某些發酵過程的生產率，而不會損壞細胞。實驗[85]使用低量（957 W/m^3）（單位：瓦／平方公尺）、中量（2,870 W/m^3）和高量（4,783 W/m^3）的超音波對土麴菌發酵的影響時，發現相對於未經過超音波處理的對照組，即使是高量且連續的超音波處理，也不會影響土麴菌的生長速率或生物量的產量。但是，洛伐他汀的產量卻只有對照組的28%。結論是超音波處理的確會對土麴菌的二次代謝物產量產生影響。另外，在高於低量的超音波處理時，會對土麴菌的生長型態產生影響。

驚蟄，是中國曆法的二十四節氣之一。此時地球運行至春分點前十五度，或冬至點後七十五度，落在三月五日或六日，此時正值春天，氣溫回升，春雷隆隆，蟄居的動物驚醒，開始活動。這雷聲，是不是也驚動了真菌，提醒真菌是開始生長的時候了？正如許多人所認為的，菇會在特定的時間和條件下生長，例如，在野外暴雨過後生長。是否雷電（參考〈雷公菇傳奇〉）和雷聲會抑制菌絲體的生長，並進一步刺激形成子實體？為了知道這個問題的答案，研究利用鳳尾菇，以不同的聲音處理，來了解對其生長和產量的影響。試驗進行於出菇的期間，使用四種不同的聲音處理方法，包括雷聲、重音樂、樂器演奏輕音樂以及古蘭經獨奏。控制組則沒有應用任何聲音處理。

研究紀錄數據[87,88]有菌絲的生長速度、菌絲在太空包中走菌（菌絲體的生長）完成的天數、子實體冒出頭的天數、子實體形成的天數、產量總重量以及菌絲顏色與質地等等，都會受到聲音的影響。結果非常有趣，在不同的聲音處理之間，菌絲生長出現明顯差異，其中經過聲音處理的菇，其菌絲生長速度比控制組要更快。在產量部分也是比控制組多。但是，在其他紀錄的數據上就沒有觀察到顯著差異，例如，子實體冒出頭的天數，子實體形成的天數等等就都差不多。總而言之，在養菇的過程當中，讓菇聽一點七十五分貝的重金屬音樂或是雷聲，可以有意想不到的結果，例如，可以增強菌絲體的生長，進而加速菇的培養過程並提高菇的生產率。這對農民來說是個不錯的結果，也可以幫助農民增加收入。雖說如此，但是七十五分貝真的有點吵，實際應用上可能會有點困難。不論如何，這個結果告訴我們：菇，很搖滾的！

超音波滅菌

在聲波應用上，人們已略知音波對真菌的影響，所以開發出真菌不喜歡的噪音一定就可以去除我們不要的真菌，例如，會危害健康的真菌。超音波反應器技術（USRT）已經被用在消毒上，以減少汙水中的黴菌。這個系統非常簡單，並且不會產生有毒的副產物，因此超音波反應器技術是改善水質又兼顧環保的不錯方法。超音波反應器會在水溶液中產生強烈的空化作用，並由於空化氣泡的劇烈破裂，而產生衝擊波和反應性自由基。這些影響應有助於微生物結構的物理破壞和生物性失活。研究也顯示[89]真菌生長，的確因為超音波反應器技術的使用而顯著降低。研究使用42kHz頻率的超音波在有黴菌的懸浮液當中，來評估超音波反應器的消毒效果。應用六十分鐘後，汙水當中的黴菌減少了99％。

由二氧化碳扯到溫度，再進一步扯到音波，也許各位會覺得扯得有點遠，其實目的就是要提醒大家，即便是真菌，很多狀況之下，也跟我們人類一樣，對自然界的所有物理現象都會有所反應，況且，真菌對生態的影響真的遠超過站在食物鏈頂端的我們。往上看，世界很美好，往下看，世界很重要。

留在車諾比

在芬蘭，我們很習慣在夏末初秋到森林裡採菇，而且我在這本書裡應該提過很多次芬蘭的採菇季節，原因無他，只因為真的很有趣。就像一間大超市，每年都會舉辦一場大型活動，活動內容就是「盡量拿」。這樣的活動還不讓人興奮嗎？但是話說回來，雖然在芬蘭有繳交所謂的森林稅，但是採菇時候還是要注意一下，這片森林的擁有者是否很樂意讓大家來採菇。

然而，聽說芬蘭西南部某些地方的居民就沒有採菇的習慣，這些居民不會到森林裡採菇。後來我才知道，是因為車諾比核災的關係。

車諾比核電廠

一九八六年四月二十六日，目前位於烏克蘭境內的車諾比核電廠，因為人為的操作不當引發了劇烈爆炸，估計有五千萬至一億八千五百萬居理（curies）（1 curie＝37,000,000,000 Bq）的輻射被釋放至大氣當中，造成人類史上最嚴重的核汙染事件。當時也因為舊蘇聯政府的輕忽造成了進一步更嚴重的傷害。一開始的死亡人數至今還是沒有明確數字，有報導指出，大約有五十人在一開始的爆炸就喪失了性命。之後以核電廠為中心，劃定了兩千六百三十四平方公里的區域為汙染區[90]。

核災發生當時所洩漏的輻射塵，就這樣一路飄向了中歐、東南歐和北歐部分地區，並且對這些地區的農業與民眾健康造成了傷害。芬蘭也是受到影響的國家之一。就在核電廠事故發生之後的隔年，一九八七年一份研究報告[91]指出，在芬蘭採集的野生菇類，輻射含量介於220~1,100 Bq/Kg。根據衛生福利部二〇一六年所頒佈的食品中原子塵或放射能汙染容許量標準[92]，菇類（屬其他食品）的上限標準為370 Bq/Kg（銫一三四與銫一三七總量）。比歐洲標準的600 Bq/Kg（銫一三七）更加嚴苛[93]。當時的芬蘭政府就建議民眾不要採集野外的菇類食用，而這個影響一直持續到現在。芬蘭有些地區的民眾還是維持「傳統」，不採集菇類食用。時隔三十幾年，二〇一九年的報告[94]指出，在芬蘭的派爾凱內、皮爾卡區以及中部地區南方所測得的野生菇類接近1,000 Bq/kg，在離首都赫爾辛基六十公里處的海文卡所測得的野生菇類輻射數值為1,300 Bq/kg。

但是，也別太恐慌，因為芬蘭輻射及核能安全局告訴民眾，現在的菇沒問題，只要煮熟就能去除銫，可以放心食用，所以我也去採了菇，也吃了菇。芬蘭輻射及核能安全局估計，芬蘭一般民眾所吃進的菇，當中銫的年累積輻射劑量不到0.01毫西弗（mSv）（0.1 mSv＝37 Bq），而且80％的菇中銫含量可以藉由沖洗和烹飪來去除[95]。不過需要注意的是，將菇乾燥並不會降低輻射含量。

色不色很重要

早在一九六〇年就有科學家提出[96]，真菌的色素沉積能抵抗一些輻射，就像抵抗紫外線。試驗當中有四分之一的真菌都被分離出黑色素與其他色素物質。當時的研究資料顯示，真菌由於色素沉積，尤其是黑色素的含量，提高了暴露在紫外線之下的孢子存活率。所以科學家也認為，暴露在光照的情況下，真菌啟動了演化適應的機制。這種適應也可能會提高真菌孢子在電離輻射存在下的存活率。在車諾比的例子更看出，這個色素沉積抵抗輻射的能力不僅止於孢子，也存在於菌絲當中。這也顯示了黑色素可能參與保護真菌組織免受放射性核素發射的損害，因為有色真菌物種在受汙染的位置出現的頻率更高。這樣的保護機制也出現在真菌與藻類共生的地衣上，與藻類共生的真菌，其黑色素保護地衣免受紫外線傷害。

飢餓真菌的美味輻射大餐

身為環境清道夫的真菌可說是無所不「吃」，甚至連輻射都出現在真菌的菜單上。真菌不僅僅食用有輻射活性的化合物（這個早就知道是真菌的菜單之一），而且還食用（吸收利用）輻射本身。也就是說，真菌可以透過黑色素來吸收輻射能，作為自身能量來源[97]。

自一九八六年車諾比核電廠爆炸，輻射外洩事故發生以來，在車諾比電廠周邊富含黑色素的「黑色真菌」數量急劇增加。這些真菌以外洩的輻射為食。這些黑色真菌分別被鑑定出為球孢枝孢菌、皮炎外瓶黴和新型隱球菌。新型隱球菌甚至可以在太空船外面存活。地球剛開始出現生命的時候，背景輻射要比現在高許多，所以早期的生命形式必須具有相當大的抗輻射能力。在白堊紀早期的地層當中就發現了大量的黑化真菌孢子[98]。黑化真菌棲息在地球上一些非常極端的環境中，包括北極海和南極大陸地區以及高海拔地區，其中高海拔棲息地的特點就是輻射量高於低海拔地區。例如，以色列的「演化峽谷」就是研究生物適應環境的熱門地點。這個峽谷朝北的斜坡面向歐洲，朝南的一面向著非洲。向著非洲的那一面接收的太陽輻射，比向著歐洲的那一面高了二至八倍，而且居住著許多黑化真菌，例如：黑麴菌[99]，住在

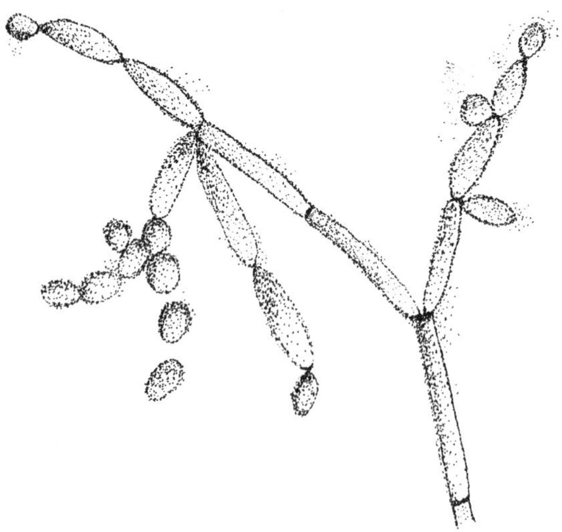

球孢枝孢菌。

向南斜坡的黑麴菌，其黑色素含量是住在向北斜坡的三倍。更有趣的發現是，將鈷六十輻射以高劑量（高達4,000 Gy）處理，分別採集自北坡與南坡的相同真菌，例如：鏈隔孢菌、麴菌、腐植黴、樹粉孢黴與大孢圓孢黴，結果，來自南坡的真菌比來自北坡的真菌生長速度更快。這是自然環境當中所觀察到的現象。

然而，在人類造成的高輻射環境當中，例如，車諾比電廠，也觀察到相同的結果。車諾比電廠毀損的牆上，以及反應堆冷卻池中都發現了黑化的真菌。這些真菌在培養皿中會朝向放射源生長。不同放射源，例如：β和γ輻射線都會吸引真菌，從輻射汙染或是由無輻射汙染的區域，往輻射來源的地方生長。輻射線還會刺激來自輻射汙染區域的真菌孢子萌發，這些真菌已經適應了當地的高輻射狀態。不僅如此，來自受汙染區域的真菌對光的反應與對輻射的反應結果相同[100]。

真菌固定放射性核種的機制

為什麼真菌可以吸收放射性核素，甚至將之當作能量來源，一直是個令人著迷的研究題目，而且可能有很大的未來應用。例如，搞爛地球後，想躲去火星的人類也許有一天會需要真菌的幫忙！

這個機制很重要，請讀者耐心服用！放射性核素與細胞壁離子交換位點的結合，以及細胞質中「鉀」的置換，是真菌累積放射性核素的兩種機制。然而，鉀的替代在各種物種當中是不同的，例如，鉀在茄鐮孢菌是以銣和銫作為替代[101,102,103]。然而，產朊假絲酵母中的鉀就是以銣作替代，而鋰、鈉與銫則無法代替鉀[104]。另外，屬於木材腐爛真菌的雙色樹脂菌，可以從菱鍶礦砂中吸收鍶，並且藉由菌索來轉移後，將鍶重新累積在草酸鈣晶體中[105]。

地上生長的真菌，在我們看不到的地下，其實是有一大片菌絲體網路，由於菌落所包含的區域廣大，很容易了解在吸收環境營養素的同時，也大量收集了放射性核素。不同物種的真菌對放射性核素的固定能力也不同，例如，鬚根黴菌和黑麴菌，就比義大利青黴和產黃青黴菌更能有效吸收放射性核素[106]。真菌也被證明是工業廢水中重金屬和放射性核素汙染物的有用吸附劑，它們的死菌絲體已被應用作為過濾器。在活菌絲體中，固定放射性核素的能力取決於物種。對於鈷六十和銫一三七中吸收能力的實驗顯示，互生鏈隔孢菌的吸收能力就高於粉狀麴黴或輪枝鐮孢菌，而最大的差別就在於真菌細胞壁當中的黑色素含量。黑色素可以占真菌菌絲中放射性核素吸收的45～60％[107]。

菌根和腐生擔子菌物種之間的銫吸收能力有著明顯的差異。因此，通常很難以一概全地說明真菌本身表現出的放射性核素固定效率。土壤腐生真菌已被證實[102,108]，可以生長並分解來自車諾比核能電廠反應堆中的碳基放射性殘渣。芽枝狀枝孢菌和紅紫青黴也被證明，可以生長在含量少於1,147 Bq的γ－輻射活性環境當中，並且在五十到一百五十天內，就可以將輻射分解。研究也顯示，真菌累積放射性核素的能力，取決於放射源的物理性質（顆粒大小）、真菌物種以及酵素促進之間的相互作用。也正是真菌固定吸收放射線核種的這些特性，導致了放射性銫在上層土壤層中的滯留和積累。因此，真菌的固定作用減少了放射性核素向土壤更深層的移動。

針對雙色樹脂菌（一種木材腐朽真菌）的研究也顯示，其菌絲體不僅僅具有在空間上重新分配物質的能力，而且也可以改變釋放到環境中的化學形式。另外，放射性核素除了在地下菌絲體中積聚之外，也會經由菌絲體移動至子實體（菇），並且產生過度累積的現象。菇類中放射性核素累積量變高的紀錄，來自車諾比事件後的森林採集菇類。一項一九九八年的研究指出[109]，雲杉林土壤中的大多數銫一三七都位於Ah層（在自然狀態下未被人為耕作擾動的土壤層），該研究也指出，碳十四和磷三十二藉由根黴菌、木黴菌和葡柄黴的菌絲系統，利用擴散作用來轉移到其他地方。碳的移位速率受到真菌菌絲體之間「源匯關係」的影響，「源匯關係」提供了碳朝向正處於建構階段（也就是正在生長）的菌絲方向移動。與碳和磷的擴散相反，銫一三七藉由蜜環菌和裂褶菌菌絲來轉移，而且速度比擴散作用還慢，所以推測這個放射線核素積累的機制，可能是由於放射性核素與細胞壁結合的緣故。一九九六年的研究[110]已證實了放射性銫會優先移動到發育中的子實體，而子實體則充當「營養匯集」的角色。二〇〇二年科學家更進一步證實[111]，在杏鮑菇當中，鍶八五和銫一三四從基質轉移到菌絲體，然後再轉移到子實體。

觀察也發現，放射性銫在擔子菌中的積累可能會存在很長一段時間。例如，在英國境內，有高達92%位於菌根真菌子實體的放射性銫是來自前車諾比輻射源，這是過去超過三十年所累積的結果[112]。放射性銫被吸收和積累在每種真菌上的程度不一，腐生真菌就比菌根真菌具有更高的積累效率。菌根真菌與植物根部的吸收，可以讓放射性核素累積在土壤的表層，防止進一步的滲出與流失而造成汙染範圍擴大。因為真菌對銫的吸收能力比植物大上十到一百五十倍[102]，所以真菌可以更有效地吸收並保留土壤中的銫。而且除了固定之外，真菌還可以在菌絲體內轉移物質。另外，地面堆積的枯葉是真菌喜歡生長的地方，所以菌絲體含量豐富，因此枯葉大量堆積的森林土壤表層，也是放射線核素累積的熱點。

真菌利用自身的元素，例如「鉀」與放射性元素做置換，達到固定的效果，再加上其廣布的菌絲體，就如同森林的放射性元素吸收器一般，收集並轉移至子實體。不過，各種真菌的吸收能力不一，偏好累積的放射性元素也不同。又因為其吸收放射性元素的能力高出植物許多，所以在未來的應用上，也許可以選擇性地針對某種放射性元素，來進行環境的回收。

其實，看到這裡，也許你會對於採菇出現些許的食用疑慮。的確，你是該有些疑慮，就像打獵或是採摘野菜一樣，都需要有些警覺，乾淨的獵場或是採集場才是正確的場所。還有「適量採集食用」不只適用於野採菇類，也適用於任何野採植物或野外打獵的動物。以我自己為例，環境允許，我還是會到森林裡採菇，但是主要目的是為了到森林裡健走，達到健身效果，所採集的菇也不會太多，更不會每日三餐都吃野採的菇。真心建議，要吃菇，還是超市買的最好。有沒有整個心情清爽起來、烏雲驟散，晴空萬里的感覺？

重回車諾比

車諾比事件發生至書寫當下已經有三十七個年頭了，該地區成了無人死城與人類禁區。但是，卻生活著棕熊、野牛、狼、山貓、普氏野馬和兩百多種鳥類以及其他動物。那裡擁有豐富的生物多樣性，看似這個核災事件並沒有對動植物群造成負面的影響。而且，除了生物的數量都有增加之外，大型哺乳類如歐洲野牛與狼的數量也有增加[113]。

即使在輻射汙染較嚴重的地方，兩棲類動物也都出現大量種群，差別大概在於禁區內的青蛙比在禁區外的青蛙顏色更深，可能是為了適應高輻射量的結果，顏色深更能抵禦輻射。另外還有，一些昆蟲的壽命似乎有縮短，而且在高輻射地區更容易受到寄生蟲的影響。生活在高度輻射汙染的地方時，一些鳥類出現白化症的機率變高，以及一些生理和遺傳上的改變。但這些現象似乎並未影響該地區野生動物種群的維持[114]。

其實我在看到這些研究或報導的時候，我心裡想到的是，人類對環境與生物的負面影響遠遠超過輻射。對環境而言，人類真的比輻射還要「毒」。

第三部

臺北

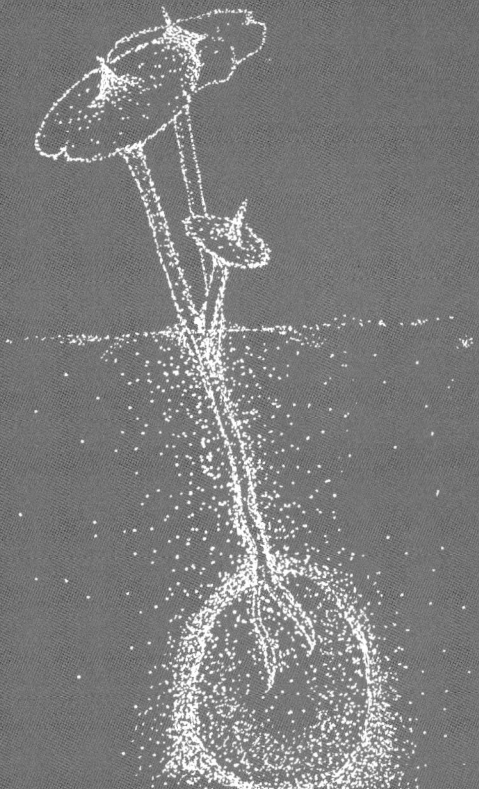

太空之旅

由於實驗所需，博士班的時候常會使用到電子顯微鏡，這個儀器對許多人來說，就像科幻小說裡的東西一樣，事實上也真的是這樣，因為這個儀器讓我們的眼界可以看見更微小的事物和以前看不見的細小結構，而且應用在生物學上更有令人驚豔的效果。在操作電子顯微鏡的時候，生物樣品必需要用液態氮（攝氏零下一百九十六度）處理，然後將溫度回升到攝氏零下八十度，目的是讓因為低溫迅速凝結在生物樣本上面的冰晶蒸發汽化，之後再將樣本降溫到攝氏零下一百一十九度以下，然後再持續降溫至大約攝氏零下一百八十度，這時候的樣本會在充滿氬氣體的空間當中，鍍上一層金鈀（60：40 gold–palladium）合金的薄膜，顆粒大小大約是十奈米。最後，這個鍍上金屬薄膜的生物樣本就在攝氏零下一百六十度的狀態下以電子顯微鏡觀察。觀察是利用二千伏特，十毫安培（10 μA）的高壓電子束，距離十二至十五公厘去衝擊樣本，反射的訊號經由偵測器偵測後，輸入電腦運算後成像[115]。

你以為這樣的嚴峻環境會讓真菌孢子一命嗚呼？實則不然，經由電子顯微鏡拍照後的真菌孢子，再重新回溫，放上新鮮培養基之後，幾乎所有的孢子又重新發芽生長！

定居在太空站的真菌

在太空軌道上圍繞著地球運行的前蘇聯和平號太空站裡，住著許多微生物。這些微生物已經適應了外太空的高輻射環境，其中一個佼佼者就是真菌。太空站的微生物來自地球，可能是跟著器具、太空人本身、用於科學實驗的動物、植物和微生物，或是組裝的材料來到太空站。太空站裡的微生物「汙染」問題已經漸漸受到重視，因為在太空站裡的真菌，有一些是潛在的人類致病菌，所以已經對太空人的健康以及環境造成威脅，而且這些真菌所產生的酵素還能夠分解太空站裡的一些內部結構，例如，一些聚合物與各種合金。

二〇〇一年的一項國際太空站（ＩＳＳ）上的真菌物種調查顯示[116]，主要出現在太空站的真菌為產黃青黴菌、雜色麴菌或是其他青黴菌屬的真菌。然而在二〇一六年的一項調查[117]

中指出，太空站內的表面和空氣中所存在的真菌種類有黑麴黴、草本枝孢菌、紙細基孢菌與嗜鹽巴斯貝斯氏菌。這些都是地球環境中常見的真菌。二〇一六年的另一項針對伺機性人類致病菌，煙麴黴的調查與研究顯示[118]，在太空中所分離到的兩株煙麴黴，對於感染斑馬魚後的致死率，高於地球上的菌株。這些真菌在太空站中所接收電離輻射量，還不具有殺真菌的作用，所以只要溼度足夠，真菌就會生長。有趣的是，太空站當中的真菌種類也會隨著時間而有所不同，有可能是來來去去的太空人所造成的影響。還有一個有趣的現象，就是居住在太空站的許多微生物，無論細菌或是真菌，都具有色素或是黑色素化，這顯示，可能在極端條件下這些微生物利用色素存活。這些在〈留在車諾比〉已有討論到。

前面提到的煙麴黴致病力提高的研究結果，對太空人或是以後會進行太空旅行的人類來說，的確是需要注意的問題。而且也延伸出了另一個嚴重的議題，就是在太空站已經適應的真菌或是其他微生物，可能已經改變了自身的某些基因表現，也就是突變了。如果這些外太空居民（微生物）又跟著太空人返回地球，是否會對地球的生態造成莫大的衝擊？這一點沒有人知道，但卻是一個需要認真面對的議題。

真菌的太空旅程

數年前在臺北聽了一場演講，演講內容是有關利用基因工程讓麴菌生產我們所需要的二次代謝物，例如，一些有用的酵素。演講的內容很豐富，但是實際上讓我記得這一場演講的，卻不是演講的內容。而是演講後與講者的短暫中午便當會，那時講者提到，自己的研究團隊將真菌送上太空，目的是讓真菌到外太空經歷一下突變，然後試圖研究可能的新藥開發（耶！有銅臭味了，喔！不，是對人類有重要貢獻與意義了），這個計畫與美國航太總署（NASA）合作進行。

之後這樣的旅程也持續進行。二〇一九年，太空－A有色真菌的生長和存活（CFS–A）實驗[119,120]，確定了失重和宇宙輻射對各種有色真菌的生長和存活的影響。了解太空中不同微生物的生理學和生存能力的任何變化，有助於確定可能對太空船、相關系統和供應品以及居住其中的太空人所產生的影響。了解這些變化之後，進一步可以作為制定防止有害微生物對策的重要建議，以及有助於理解太空環境如何影響微生物生長，並為未來的生物技術應用提供參考。

在CFS–A實驗中，研究的主要真菌物種是紙細基孢菌，這個真菌可以分解有機和無機材料，並且被懷疑就是太空站裡破壞器材的元凶。其他也被研究的物種有：黑麴黴、草本枝孢菌（空氣中常見的黴菌孢子，在死去的草本和木本植物、紡織品、橡膠、紙和各種食品中發現）以及嗜鹽巴斯貝斯氏菌（存活於高鹽環境中）。

CFS–A實驗清楚地顯示，紙細基孢菌能夠在太空飛行條件下生長，發展出一套適應的新生活策略，也就是藉由縮短菌絲體生長的時間，很快發展出耐受度更高的孢子，來度過外太空的嚴峻環境。在太空站當中，四處飄散的真菌孢子只要落到一個有利的環境，在適當的條件下就會生長，入侵到器物深處，默默生長不被發現，然後慢慢分解聚合物或是合金來作為營養，並且直接威脅到太空人的健康。這對於未來在近

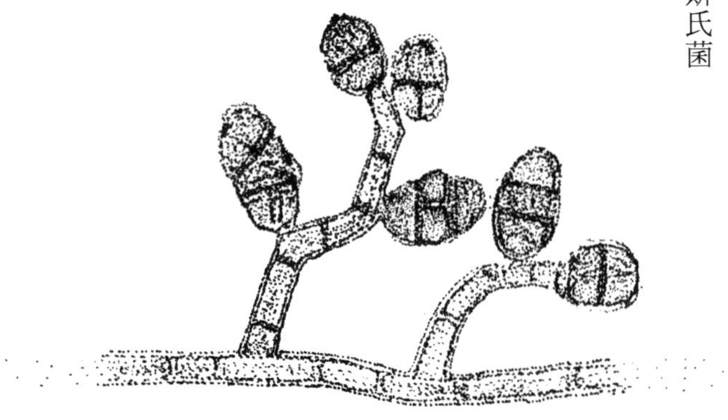

紙細基孢菌。

地軌道以外的長期任務尤其重要，在這些任務中，太空人必須更加自給自足地維護太空船和系統。隨著我們更加了解太空環境中關鍵真菌物種的生活史，這些知識可以很容易地應用於住在地球上的那些相同物種身上。

移民火星

雖然我個人覺得移民火星的想法很蠢，但卻還是有許多科學家或是民眾認真期待那一天的到來。希望我的看法是錯的，去吧！人類，下一個目標就是火星了！

火星，這個與地球年齡差不多的岩石行星（大約四十五億年），在最初的十億年中，這顆岩石行星上有著充沛的水，但是之後這個星球上的水消失，只剩下極地的一些冰還保有水分。美國航空暨太空總署計畫在二〇三〇年代中期開始執行載人火星任務[121]。不過，如果人類想要在火星上生存，就得能夠仰賴火星的自然資源謀生，自給自足才行，不能依靠來自地球的資源提供。火星基地還必須要建在地底，這樣才可以保護人類免受宇宙輻射的傷害。在火星上種植作物更是一大挑戰，因為火星的土壤貧瘠又充滿過氯酸鹽的有毒化合物。

火星上的溫度每天都在劇烈波動，每日溫度可以波動高達攝氏八十度，從夜間的攝氏零下七十度到正午的攝氏十度。如果溫度不是問題，那還有超強的紫外線等著人類挑戰；以及95%二氧化碳的大氣與600~900帕斯卡的大氣壓力（地球的大氣壓力為101,325帕斯卡）；和每日的0.2mGy宇宙輻射劑量（地球為0.001 mGy/天）[122]。好吧！這樣也沒打消某些人的火星夢。

人類已經在地球尋找「那個微生物」，準備讓它上火星。到底是哪個「幸運」的真菌可能雀屏中選呢？這天賦異稟的「天選之菌」，就是屬於黑色真菌或黑色酵母菌群的成員，因為它們的外壁含有黑色素，可以承受各種環境壓力。在成為「天選之菌」之前，這群真菌出現在另一項研究當中，該研究發現有兩種屬於這一類會產生黑色素的真菌，生活在人們家中的洗衣機和洗碗機內，而且是伺機致病菌，會讓免疫力低下的人們生病。只是，除了這兩個選擇住在家電裡的成員之外，這一類真菌中的大多數都安靜地生活在地球上最極端的環境中。

其他的研究也了解到，特殊黑色真菌通常被認為是地球上最艱忍刻苦的真菌，它們會生活在自己慢慢挖掘的南極岩石內的微小隙縫當中。這也是它們唯一可以生長，而不被南極洲惡劣的氣候和致命紫外線輻射打倒消滅的避風港。南極洲的環境，是地球上與火星環境最相似的地方，即便很大程度上還是不一樣，例如，火星上沒有企鵝。因為這樣的能力讓黑色真菌成為國際太空站上的試飛員。

這些真菌於二〇〇八年二月發射到太空，並於二〇〇九年九月十二日返回地球。在那段時間裡，它們被放置在與火星大氣盡可能相似的氣體浴中，並暴露在模擬的全火星紫外線輻射下、千分之一火星紫外線或是完全遮蔽輻射的三種狀態之下。它們還要忍受宇宙背景輻射，以及攝氏零下二十一點七度和四十二點九度之間的溫度波動。對照組的樣品則是留在地球上。回到地球後，這些菌落和岩石樣本被重新加水，並且測試有多少菌落活下來[122,123]。

科學家們發現，黑酵母形成新菌落的能力，因在「火星」（不是真的在火星上，只是在太空中模擬火星的可能嚴苛環境）上的時間而嚴重受損，但還是有菌落活了下來。當在國際太空站上保持在黑暗中時，大約1.5%的南極洲低溫黴，能夠在暴露輻射後形成菌落，但是只有0.08%的謎樣低溫黴可以存活。令人驚訝的是，那些暴露在千分之一火星紫外線下的黴菌，反而表現的更好，存活率提高了四到五倍：南極洲低溫黴的存活率略高於8%，而謎樣低溫黴的存活率則為2%[122,123]。也許微弱的輻射刺激某些突變，讓這些真菌活了下來。

在完全暴露於火星輻射的真菌，存活率與那些保存在黑暗中的樣本大致相同，也就是說，幾乎為零。相較之下，在地球上的南極洲低溫黴對照組，有大約46%形成菌落，而只有約17%的謎樣低溫黴活下來。相較於在太空中的真菌夥伴，留在地球的真菌存活率還是高許多。也就是說，太空中真的不好玩啊。但是，對於真菌來說，太空還不是極限呢！

車諾比真菌事真多

在車諾比發現的球孢枝孢菌、皮炎外瓶黴和新型隱球菌被帶到了國際太空站上，進行一連串的研究。研究顯示[124]，在輻射量比正常量高出五百倍的環境中，這三種含有黑色素的真菌會生長並且積累醋酸鹽的速度更快。它們將伽瑪輻射線的能量轉化為化學能，就像植物行光合作用，將二氧化碳吸收轉化為氧氣和葡萄糖一樣。腦筋動得快的科學家們，開始思考也許可以應用這種機制來製作輻射防護裝備，或是做成生物輻射能板來儲存能量。這些聽起來很科幻，但是回想起人類的第一架飛上天空的機器，出現也不過百年前的事而已，現在我們都準備思考要怎麼上火星了。

養活一代臺灣人

二〇一九年五月十四日，我受邀到臺灣大學授課，針對外籍生的通識教育課程，課程名稱為「改變歷史的生物」（The Organisms that Changed the History）。當然，我教授的是我自己熟悉的真菌，改變世界的真菌。二〇二二年，我又接到臺灣大學的邀請，教授一樣的課程。三年了，歷經了全球新冠肺炎疫情的三年，這改變歷史的生物標題格外搶眼。但是，回顧我們自己，有什麼改變臺灣歷史的生物呢？或甚至是改變臺灣歷史的真菌？

肉雞有六隻腳？

在臺大的課程讓我又想起「雞有幾隻腳？」這件事。

生物學到底有多重要？就像所有學科，如果鮮少應用在日常生活，那對你來說就一點也不重要，只是，除非你每天都吃罐頭產品和加工食品，否則你總是會有遇上食物原型的那一天，這時，就該生物學出場了，總不能到了傳統市場（以下為假設情境）：

你：「老闆我要買一隻雞。」

結果老闆給了你一隻鵪鶉。

你：「老闆，這雞有點小？」

老闆：「是的，這是特別小的雞。」

你：「原來如此，謝謝老闆。」

老闆：「不客氣。」

然後你與高采烈地拿著「小雞」離開……

當然，這是不太可能發生的事情，如果發生了也太過離譜，因為怎麼可能連販賣雞肉的肉販都不知道「雞」是什麼呢？

但是，真的不太可能發生嗎？

我有一次看了英國廣播公司的節目，節目內容是隨機在街上訪問年輕人一些基本的生物問題，其中一個問題是：「你知道雞有幾隻腳嗎？」令人驚訝地，有很多人回答：六隻。為什麼是六隻呢？

因為超市的雞腿都是六隻一包的。

有點扯遠了！又為何提到雞有幾隻腳呢？因為雞的故事讓我們知道生物學的重要性。那麼「雞」跟「菇」又有什麼關係？其實，我想要強調的是，比起雞，菇更不為人們所了解，所以每次的演講都會讓我想起「雞有幾隻腳的故事」，因為演講一開始，我到底要不要再雞婆地介紹一下真菌是什麼呢？

這問題是多餘的，因為，每次都必須要再介紹一下真菌，不然演講實在很難繼續。

要讓學生對菇感興趣，一定不能由圖鑑入手，因為這對學生來說震撼太大，所以要由「吃」、「日常常見」以及再來個「可愛」，才會吸引學生的注意。剛好，我們就有這樣的候選菇，就是洋菇，而且它當年對臺灣的重要性，絕對不輸現在炙手可熱的半導體晶片！

菇寮裡的「松茸」養活了一代的臺灣人

法國啟蒙時代思想家伏爾泰在《回憶錄》裡提到：「歐洲的命運被一盤菇改變了。」無獨有偶，身在臺灣的我們其實也深深地被菇影響著，如果說「臺灣的命運被洋菇改變了」，真的一點也不誇大，巧合的是，這個洋菇最初的大量人工栽培也是來自法國[125]。

二〇二二年六月，我受邀至農業試驗所演講，演講題目是：「罐頭裡的經濟奇蹟——改變臺灣命運的洋菇」。因為新冠病毒疫情的關係，所以演講是以視訊的方式進行。聽眾多是農試所的前輩，而且他們才是真正的菇類專家，所以對我來說是一場很有挑戰的演講。我選擇告訴農試所

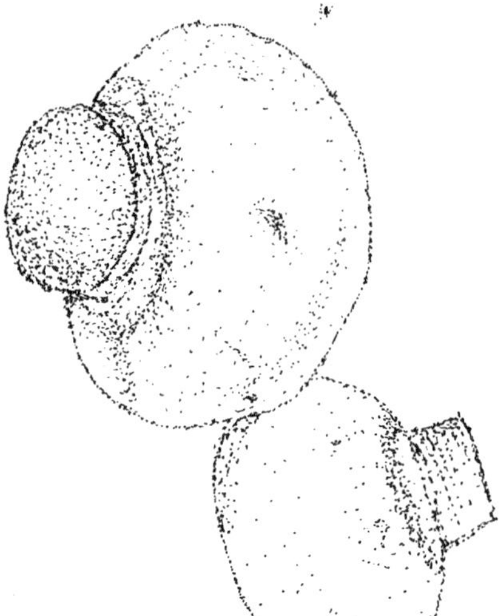

洋菇。

的前輩們洋菇的臺灣故事，洋菇的臺灣歷史，這部歷史正是農試所的前輩們一手傳承打造出來的。因為許多歷史資料還沒有電子化，所以我跑了一些圖書館去翻閱或是借閱書本，在過程當中，我慢慢了解，這部臺灣洋菇的歷史真是精采：有現實生活的呈現、有文藝氣息的內涵、有國際政治角力的詭譎多變、有來自學術的努力，更有養活一代臺灣人的鮮明記憶。這部歷史，劇情高潮迭起，精采絕倫，如果沒有人整理，也許就慢慢被世人所遺忘。

臺灣民間俗稱的「松茸」（臺語發音：siông-jiông）或是「茸仔」（臺語發音：jiông-á）其實就是洋菇，會有這樣的俗稱是因為「松茸」是日本的高貴食材。在一九四〇至五〇年代的臺灣，種植洋菇還未盛行，每公斤洋菇可以賣到四十元臺幣[126]，的確有「松茸」的身價。用當時的大約房屋價格作比較：一九五八年，臺北市在南京東路推出「工商合營市民住宅」，公寓式住宅最低三萬臺幣就能買到[127,128]。這樣的價格，大概相當於七百五十公斤的洋菇，而洋菇的產能大概是每平方公尺十二點七公斤。換算下來，只要擁有大約有六十平方公尺（約十八坪）的菇寮，就可以在南京東路買房子了。大家先別太高興，也請先冷靜一下，要在南京東路置產，也得要將洋菇種起來才算數啊！

一九三〇年，臺灣總督府農業部（日治時期），自日本引種養菇試種成功，但是卻在兩年後推廣失敗了。到了二次大戰之後，一九五三年，農復會（農委會前身）自美國引種，再加上日本的種植技術。這次，成功地推廣了起來，開始發展。但是，價格也由異常昂貴的一公斤四十元，來到一公斤二十到三十元，再暴跌至一公斤二到三元（一九五七年資料）[129]。不過，也因為這樣才開始了罐頭外銷。順道一提，一九六四年，剛畢業到校服務的教師薪水，是每個月七百八十元[130]。

種稻米收穫後剩下的稻草，可以再利用種洋菇，這讓當時的農民在農暇時候，可以有額外收入。一九七〇年代，彰化竹塘鄉產量第一[131]。全盛時期竹塘鄉全鄉約有四百間傳統菇寮[132]。到了一九六九至七〇年，苗栗苑裡幾乎家家戶戶都種洋菇。苗栗苑裡地區在當時是全臺第二大產區，當地人稱，出生在一九五〇至六〇年代的孩子是被洋菇產業養大的[133]。

二次大戰之後，政府積極輔導民間工業發展，因此民營的罐頭工廠以及罐頭食品產業開始蓬勃發展。一九五七年，洋菇罐頭試產成功後，洋菇罐頭便有傲人的外銷成績，使得一九七〇年代的臺灣，在「香蕉王國」沒落後，進而冠上「洋菇王國」的稱號[134]。

一九六〇至七〇年代，是洋菇罐頭外銷的輝煌時期。一九六〇年代，洋菇罐頭外銷一年平均賺進兩千五百萬美元外匯。到了一九七〇年代，平均更賺進七千萬美元外匯[135]。當時，鳳梨、洋菇與蘆筍被稱為臺灣的「三罐王」！

洋菇帶動的學術起飛

洋菇不僅帶來了經濟起飛，更帶動了臺灣的科學研究。洋菇罐頭業，提供了食品研究的經費。為改善洋菇製罐技術，一九六六年成立「食品工業研究所籌備處」，一九六七年正式成立「食品工業發展研究所」[136]。

一九七〇年代，因應洋菇的改良，出現了專門研究洋菇的「洋菇試驗研究所」。一九七七，更有「臺灣洋菇雜誌社」的成立。在一九七七至八三年間，《臺灣洋菇》雜誌刊登了不少科學研究文章[129]。

除了科學研究，洋菇產業在推動教育上也盡了一份努力。一九六五年美援停止，政府發行愛國公債，其中一部分勸募來自洋菇罐頭出口結匯。政府為了籌措財源，推行九年國民義務教育，於一九六八年四月將「香蕉、洋菇、蘆筍外銷臨時捐徵收條例草案」送立法院審議。該草案在同年五月通過。

雖然，洋菇養殖盛況已不復見，但是所留下的經驗與技術，造就了其他新興菇類養殖的興起。例如，在一九八〇年代，臺灣曾經成為全東南亞最大的金針菇栽培場，日產量可達二十公噸[137]。二〇一九年，農委會更是將洋菇養殖技術轉移至菲律賓，幫助其他國家。

洋菇政治學

臺灣洋菇罐頭在外銷初期，以美國與西德為最大市場。與我們競爭的對手是同樣洋菇產業蓬勃的法國與日本。一九六〇年代前期，臺灣洋菇罐頭的外匯貿易金額首度超越鳳梨罐頭。一九七〇年代，臺灣的洋菇罐頭外銷數量基本上已經領先了法國，連日商、美商也競相收購臺灣洋菇，此舉造成美國洋菇農民的不滿，臺美因此連番展開洋菇大戰，美國政府冷戰時期對臺灣的國際援助，在臺灣洋菇罐頭與美國洋菇產業的競爭當中，顯得有些尷尬。

一九六二年，深怕外銷市場無法負荷，罐頭工廠生產洋菇罐頭採配額制。但是產量還是超額，所以政府訂定更嚴格的措施，例如禁止新設菇罐廠，禁止新菌種廠設立。

儘管如此，臺灣的洋菇罐頭輸出產業興盛，努力將洋菇輸入美國的僑胞，也被認為是愛國行為，只是，一九六五年，因為僑胞抗議洋菇罐頭輸美的政策不公，所以要求改善，政府為了拉攏在美國的僑胞，所以出現了除了一般經銷商之外的「僑商配額」制度，這個制度也直到一九七二年才廢止。[135]

「洋菇王國」的熄燈號

休耕的農地，開滿了作為綠肥的鮮黃油菜花，此時的農民開始在洋菇寮裡打理，將稻桿製作成養殖洋菇的堆肥。到了冬天，洋菇採收的時候，全家動員，正在念書的小孩也要放下課業，工作到深夜。現在，這個光景已難得一見！

一九六五年，美援終止[138]，經濟產值逐漸從農業為主轉變為以工業發展為主。一九七一年中後期，開始由農業社會慢慢轉型為工業社會，各地廣設加工出口區，讓農村人口流失，也使得洋菇產業逐漸沒落，再加上一九七〇年代的兩次石油危機，原物料上漲衝擊洋菇產業。一九七二年，臺灣的出口洋菇被日本驗出含汞[139,140]，這時，外銷市場開始對臺灣產的洋菇信心動搖。研究單位積極追查，得知汞是來自稻米所使用的農藥，農藥殘留在稻草上，被用來養殖洋菇所致。

一九七八年四月，中國與歐洲市場簽訂貿易協定，同年七月歐洲市場便不再發給臺灣洋菇罐頭輸入許可證。臺灣罐頭在歐洲市場因為政治力受重挫，但是，厄運還沒有結束。一九七九年，中美建交，中國的洋菇開始進入美國市場，同時壓縮了臺灣出口洋菇的數量，隔年，中國銷往美國的洋菇數量已經超過臺灣。一九八〇年，美國更進一步提高臺灣洋菇的關稅，導致一九八一年外銷美國洋菇銳減49％[135]。再加上東南亞的競爭，以及勞力成本的提高，臺灣洋菇產業漸漸走下坡。

一九八七年，臺幣對美元大幅升值，由原本的1:38到1:31，外銷成本激增，到了一九八九年，比值更到達了1:26，出口價格突然提高造成外銷不易。一九九〇年，臺灣洋菇罐頭廠聯合出口公司解散，「三罐王」榮景已逝。

洋菇的產量從全盛期的一年九萬五千九百公噸，到了二〇二一年僅剩下四千三百零六公噸[141]，但是，一九六〇至八〇年代，有一部分的我們跟隨著洋菇，一起走過一趟驚奇之旅。這趟旅程之中，有艱苦也有更多的歡樂與豐收，雖然，之後的洋菇養殖歸於平淡，卻也留下了一段深刻的臺灣歷史記憶。

雷公菇傳奇

在古希臘的傳說當中，天神宙斯向地球投擲了閃電，閃電擊中橡樹旁的土地，從此橡樹旁的土壤就長出了美味的松露。無獨有偶，在日本，菇農們之間流傳著「打雷，香菇就會豐收」的諺語。另外，中國明代潘之恆所著的《廣菌譜》當中也有記載：「雷蕈，出廣西横州。遇雷過即生……」意即打雷過後，就會出現「雷蕈」。這些雷電與出菇相關聯的傳說，應該不只是東西方的巧合，而是人們累積的生活經驗才是。

解密「雷公菇」的鄉野傳說

雷電與出菇的傳說，在臺灣也有同樣的說法。

有一年，我到中研院求職，在中研院植微所演講，演講後去參觀了研究雞肉絲菇的實驗室。那是第一次得知雞肉絲菇，可是沒有機會見到本尊，看到的是一箱一箱養殖的黑翅土白蟻。因為雞肉絲菇生長過程中必須和黑翅土白蟻共生，才會有菇產生。這個共生生態的確很有趣又令人著迷，研究人員積極地想要在實驗室裡完成雞肉絲菇的生活史。黑翅土白蟻本身分解植物纖維的能力不足，但是雞肉絲菇提供了這方面的協助。在黑翅土白蟻的腸道內可以發現雞肉絲菇的分生孢子，就不難了解兩者的關係。而且如果長時間缺乏雞肉絲菇的營養補充，供應蟻巢內白蟻的蛋白質就會缺乏，蟻巢會因此凋零。雞肉絲菇如果缺乏白蟻的照料，一樣會被生長快速的雜菌消滅。

會提到雞肉絲菇是因為，它還有另外一個名字叫做「雷公菇」，這麼有戲的名字，是因為發現「雷公菇」的蹤影總是在打雷過後的竹林裡。如果菇的出現只是因為下雨，那麼應該會被稱為「雨菇」才是，所以「雷」對「雷公菇」的出現應該有一定的相關性，也許沒有我想的複雜，只因為在某些時節大氣較不穩定，例如夏季的午後雷陣雨，剛好是最適合雷公菇出菇的季節，也是先人觀察而來的結論。至於「雷」到底與出菇有沒有直接相關，在雷公菇上，則不得而知，也許電一下就會知道。

真菌與昆蟲的共生關係

話說回來，既然講到雞肉絲菇了，就不能不提一下真菌與昆蟲的共生關係。昆蟲是動物界當中種類與數量最多的，所以，如果說真菌會與昆蟲形成共生或是其他交互關係也就不足為奇了。兩種數量都不少的地球生物，棲息地又常會有重疊，總會有遇到的一天。

切葉蟻與環柄菇

切葉蟻與環柄菇之間的互利共生，呈現出的最佳例子就是「真菌農場」。切葉蟻會成

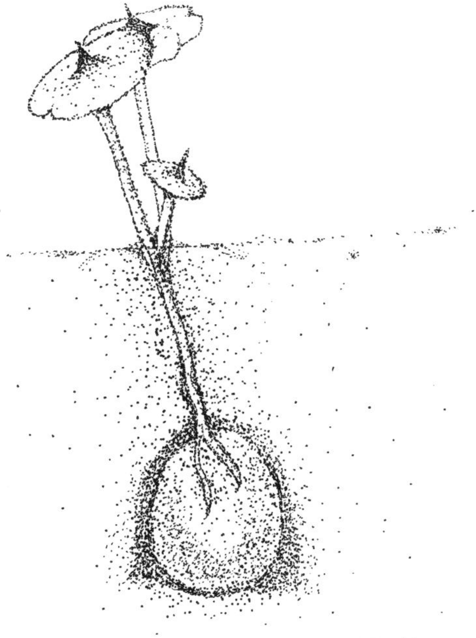

雷公菇。

群外出尋找新鮮的葉子，用雙顎將葉子切成小片帶回巢穴，然後咀嚼成糊狀再製成球形。接著，螞蟻會將真菌種在這些球狀葉糊上。蟻后也會將卵產在「真菌農場」裡，幼蟲從卵當中一孵出，就會被餵食這些「種植」的真菌。

白蟻與蟻巢傘菌

會建造白蟻丘的白蟻（大白蟻屬），會在蟻丘裡養殖蟻巢傘菌。例如位於肯亞南部的薩佛生態系統中的稀樹草原、叢林和乾燥森林當中的白蟻，會建造通風良好、潮溼以及溫度適中、有利真菌生長的蟻丘，然後從周遭的環境中，收集死亡的植物材料搬運至蟻巢中。蟻巢傘菌會負責將難消化的植物細胞壁分解，並持續生長。白蟻不只會養殖一種真菌，有時候會多達三種，而且三種真菌生長所需的最佳溫度可能會不同。白蟻藉由改善蟻丘的通風來調整不同溫度，這樣就可以順利養殖不同的真菌。養殖不同真菌，也許是要因應可能出現不同氣候時，造成的食物短缺。（或是單純只是想換換口味？）

這些白蟻也會遇到所有養殖蘑菇都會遇到的難題，也就是雜菌汙染。白蟻的做法就是把雜菌給「悶死」。同樣會養殖真菌的根土白蟻，就有能力能夠「嗅」出假炭角菌。假炭角菌雖然在健康的蟻巢中不太起眼，但是幾乎總是存在於蟻巢中的真菌農場，而且一有機會，就會過度生長，這些真菌對真菌農場來說，是敵是友仍然難以界定。可以肯定的是，假炭角菌的確與蟻巢傘菌會互相競爭碳源（食物），也會互相競爭生存的空間。蟻巢傘菌可以在二氧化碳濃度高的環境生長，但是假炭角菌對於高二氧化碳濃度的耐受性就比較低，所以，當白蟻發現草（培養真菌的材料）的味道不同（因為有假炭角菌的感染所造成），就會把汙染的材料埋在土裡，造成局部缺氧的狀況，這樣就可以「悶死」假炭角菌[142,143,144,145]。小白蟻不但是菇舍建造專家，也是菇類種植專家和菌種分辨專家，更是用自然工法抑制雜菌的專家。

雲杉藍樹蜂與空隙瀫粉韌革菌

雲杉藍樹蜂，是一種樹蜂科的鑽木昆蟲，原生於歐洲和亞洲部分地區。雲杉藍樹蜂的雌蜂會在活的樹木上鑽一個深孔，用產卵器把卵產在裡面，連帶把與其共生的空隙瀫粉韌革菌和有毒黏液放到洞內。雌性的液腺會分泌毒黏液，儲菌器會釋放節孢子，第一、第二和腹節之間兩側的褶袋會攜帶共生真菌的孢子。這些孢子會被放在產卵器中，產卵時和卵一起放置在樹上。雌蟲分泌的黏液會抑制樹木的防禦反應，讓空隙瀫粉韌革菌得以安然的生長。然後幼蟲會在整棵樹上挖掘坑道吃真菌。幼蟲在第一年正常的生命週期當中都吃這種真菌。成蟲不吃東西，只靠儲存的脂肪過活，成蟲生命期長度只夠用來繁殖。雌蟲產下卵後，經過十至十二天，期間，當氣溫攝氏二十五度左右，而且有接觸到真菌產生的二氧化碳，在這種情況卵就會發育和孵化。幼蟲孵化後會吃真菌菌絲，並分泌唾液溶解菌絲的營養素以供消化[146,147,148,149]。

蛋真菌

蛋真菌是一種會模仿白蟻卵的真菌，經常在白蟻的卵之間發現。親源關係的研究顯示，即使分離自不同宿主（黃胸散白蟻、北美散白蟻與南方散白蟻）的白蟻球真菌，外觀都非常相似，宿主物種或地理位置之間沒有明顯的分子差異。這些真菌球對白蟻卵的存活沒有顯著影響，也鮮少會殺死天然菌落中的白蟻卵。這些真菌讓白蟻相信它們是自己的卵，並將它們帶回巢穴。實驗中，提供白蟻球給白蟻，甚至與真菌沒有自然關聯的白蟻物種（沖繩散白蟻），也會趨向於將真菌球連同自己的卵一起照顧。會讓白蟻照顧的真菌球，除了外觀上與白蟻卵一致之外，所散發出的化學偽裝也是誘發白蟻照顧的必要條件。白蟻也只照顧直徑與卵大小完全相同的真菌球。在掃描式電子顯微鏡下觀察時，也了解到真菌球就連白蟻卵的光滑表面質地也都模仿得很到位。這是很有趣的共生例子，只是這種共生只有一方（真菌）得到好處[150,151]。到底在演化上，這樣的共生方式白蟻到底獲得了什麼則不得而知。

腸道共生

本來要講雷公菇的，結果就這樣一路扯到了真菌與動物的共生，因為實在太有趣而無法停筆，既然這樣，就只好繼續為大家介紹共生關係了。我們的腸道當中最常見的就是酵母菌，這與我們的日常飲食息息相關，再來就是念珠菌以及枝孢菌。當然還有一些環境中常見的絲狀真菌，例如：青黴菌。雖然，存在於飲食來源的腸道微生物群當中的真菌，有些實際上可能只是短暫留存於腸道之中，但是某些食物的攝入，可能進一步提供了一些真菌物種的篩選動力與來源。而且，腸道微生物有一個跟絕大多數人都會有興趣的現象有關，也就是肥胖。了解我們的飲食與腸道微生物的相關性，可以更進一步了解我們的肥胖問題。根據研究，人類肥胖與腸道微生物當中的不同毛黴菌屬的真菌種類有關。肥胖者腸道中常見真菌有念珠菌與青黴菌，而在控制組當中，除了念珠菌和青黴菌之外還有毛黴屬真菌的存在。另外，也觀察到毛黴菌和青黴菌屬真菌與身體質量指數（BMI）、脂肪量、局部腹部脂肪量和臀圍呈負向相關，而麴菌屬與肥胖則呈現正相關[152]。

在腸道真菌的調查中，食源性漢遜氏德巴厘酵母和念珠菌物種之間的數量是呈現負相關性的。因為漢遜氏德巴厘酵母會產生黴菌毒素抑制念珠菌生長。這樣的結果類似於使用許多種細菌作為益生菌，來減輕特定腸道微生物對宿主健康的潛在有害影響的做法[153]。

我們知道的是，膳食脂肪攝入，與腸道微生物群落組成的變化和肥胖的發展有關。細菌與真菌在腸道中的交互作用，除了菌相的改變與平衡之外，也跟肥胖有著一定程度的關聯性。除了人類，所有具有腸道的生物都有共生菌，例如，由海洋等足類動物的腸道中分離出來的麴菌，甲蟲幼蟲的腸道中的木黴菌，家蠶經過人類的馴養，其腸道微生物的組成也與桑劍紋夜蛾（幼蟲以桑樹葉為食）不同[154]。蚊子、蝴蝶的腸道共生菌也都有被研究[155]。

瘤胃啊牛胃

我將牛肚皮上的蓋子打開，撲鼻而來的是一股帶點草料發酵微酸的淡淡沼氣味道。這味道一般人可能會覺得臭，但對我來說，這就是牧場的味道。蓋子打開之後，映入眼簾的是牛胃裡面的草料，因為胃部的肌肉收縮而繼續滾動翻攪著。這個蓋子是為了堵住一個開在牛肚子上的視窗，而這視窗是為了觀察與取樣牛胃當中的物質。這個胃是牛的四個胃當中，最大的那個，又被稱為「瘤胃」，是一個活生生的發酵槽，溫溼度、進料與出料都由精密的生物體所控制。以前瘤胃當中的微生物群體，被認為是由厭氧細菌和原生動物所組成的多樣性群體。直到一九七五年，厭氧的瘤胃真菌才被確認存在，並被認為是瘤胃微生物群的組成部分[156]。幾丁質在細胞壁中的確認存在、這些微生物的型態與生命週期，證實了它們是真正的真菌。

研究人員觀察到綿羊和牛瘤胃中的纖維植物上，都有真菌生長，才認知道瘤胃真菌在纖維消化中的重要性和可能的關鍵作用。現在已經知道厭氧真菌其實存在於各種食草動物的腸道裡，而且把這些微生物稱為厭氧腸道真菌。這一群真菌其實很常見，數量也很豐富，特別是在餵飼纖維飼料的動物腸道中。只是在過去，瘤胃中的厭氧真菌長期以來都未被識別，比起其他厭氧瘤胃微生物已經被發現並研究了大約一百年，這實在令人無法置信。可能的原因之一，是大多數關於瘤胃微生物的研究，都先過濾掉瘤胃的固體內容物，並且丟棄，然後再觀察在瘤胃液當中的微生物。然而真菌常常是附著在這些被丟棄的瘤胃消化物當中，因此錯過了被發現的契機。即便早期研究人員觀察到在瘤胃液中自由泳動的真菌泳動孢子（此孢子具有鞭毛，可在水中快速泳動），也常會誤認為是鞭毛原生動物。在瘤胃中，有真菌可以幫忙分解葉子、樹枝和地衣中難以消化的纖維素和半纖維素。如果沒有真菌，瘤胃動物可以吸收到的營養素就會大打折扣。

電一下就知道

我想應該要再回到電的議題上了，不然越扯越遠。那就由一開始的古希臘再開始吧！古希臘古典時期是希臘人在藝術、建築、戲劇和哲學方面達到新高峰的時期。那時的希臘人寫下了蘑菇起源的可能方式。希臘與鄰國的文化交流，將愛好蘑菇的信念由小亞細亞與埃及地區，穿越至愛琴海。希臘人與埃及人同時相信，神的閃電塗滿了真菌孢子（當時稱蘑菇種子），在暴風之時投擲至地球上，地上才會長滿了菇。

無獨有偶，在東方，中國宋朝詩人黃庭堅所著《次韻子瞻春菜》當中就有一段「驚雷菌子出萬釘」，意思就是：雷雨過後，地上突然冒出許多的蘑菇。這是傳說的部分，然而實際上，包括白血球、巨噬細胞、纖維母細胞、阿米巴原蟲、黏菌等等在內的多種細胞，都能夠在電場中引導它們移動。一些細胞，例如顆粒性細胞，會向正極方向移動，而其他細胞，例如，纖維母細胞則是向負極方向生長。又例如，小巢狀麴菌和大毛黴的菌絲會向陰極方向生長。但是紅麵包黴則會向陽極方向生長。布拉克鬚黴的菌絲端和發芽管在高電場強度（E > 5V/cm）下會向陰極生長；在低電場強度下則會向陽極方向生長[157]。哈茨木黴菌也有類似的生長方式，只是菌絲向陰極生長，但分支卻向陽極的方向形成[158]。

不僅僅是傳說或是科學研究，這些電刺激影響真菌生長的說法與研究，已經開使被應用在商業菇類養殖上[159]。高壓電刺激對促進菇類的子實體發育是有效果的。對菇類栽培床施加的瞬間高壓電，會在栽培床基質內產生強電場。由於靜電力，強電場加速了菌絲的移動。結果，菌絲的某些部分會被切割和劃傷。菌絲的切割和劃傷刺激、促進了子實體發育。高電壓刺激對於以鋸木屑為基質的香菇和天然原木生長的香菇、滑子菇和磚紅垂幕菇的促進作用，經由栽培的田間試驗而得到了證實。許多菇類經由高電壓刺激也都會有類似香菇的結果，會誘發子實體的產生。

發電真菌

菇（真菌），不但會受到外加電力的影響，也會自己產生電力。真菌細胞在其生長和分化過程中，會產生直流電和交流電（動作電位）。此外，它們在外加的電場中也表現出向電性和趨電性。真菌產生的自然直流電流，是由於細胞或是菌絲的某些區域聚集了離子通道和離子幫浦所致，而這些電流和動作電位，與養分吸收（探索環境）以及對生長空間的控制有關，也有可能與菌絲體內的溝通有關。另外，科學家也發現，植物病原性真菌所產生的泳動孢子，會在弱電場中游向特定的植物根系。植物的根也會產生微弱的電場，泳動孢子就可以偵測並游往植物的根部進行感染，這個過程也被稱為「電致遷移」[160]。

科學家直到近幾十年才認識到，地球實際上就是顆活生生的電力行星；早在人類之前，會產生電流的微生物，已經建立起廣大的電力網路，這些電力網路分布在草地、鹽沼和泥濘的河床，輸送著電力。這個自然界原本就存在的電力網路，影響著整個生態系統，也控制著地球上的各種化學變化。

生物體產生電流並不是新鮮事，只是有些生物不在我們預期的理解當中產生電流，就會是我們感到驚奇的事件。例如，淡紅側耳的子實體會產生細胞外電位，這也證實了真菌會產生動作電位，例如：電位脈衝。產生的電流密度可以高達0.6 $\mu A/cm^2$（毫安培／平方公分）[161]，而這些電位會隨著環境條件改變而改變，例如：溫度。在真菌的實際生長當中，這些產生的電可以讓擔孢子（由菇所產生的）帶電產生彼此的靜電排斥，這樣它們就不會黏在一起變成一大坨，影響到傳播的效率。另外，真菌電流的產生也可能與菌絲當中的液壓，以及當中的流動物質有關，這在菌根形成過程中，菌絲體和植物根系之間的相互作用扮演重要的角色。

有些藝術家利用真菌的這些電位改變，創作出「音樂」，只是，說是音樂有點太過，因為此音樂完全是儀器發出的。也有報導過度興奮地（是過度興奮的記者，還是過度興奮的英國研究呢？）稱這是真菌的「語言」，也許有那麼一點道理，畢竟那是來自與環境交互作用的電位改變。就像飼主的一個眼神，就可以讓牧羊犬衝向羊群，那個眼神也應該屬於一種「語言」吧！

重金屬不搖滾

自從我由「安逸」的學術界（我知道！這樣的說法不正確，我這裡是跟產業界比較，沒別的意思。咦！好像越描越黑！）進到「刀光劍影」的業界之後，受到了不少衝擊。不諱言，這是因為年紀大了，沒有掛個「教授」或是「研究員」頭銜，還沒有脫離「繳交勞工保險金」就沒機會了。雖然我自以為喜歡研究，有一天一定能夠變成大學教授，然後以這個為目標一路往前，即便工時超標，沒有加班費、低薪，一人被當三人用，有時候還會被揶揄，都無法阻擋我走向「那條路」。就像達爾文在自己家裡養藤壺，研究了八年，還在一八五一至五四年間為藤壺出了四本厚厚的研究報告[162]。當然，會用達爾文舉例，絕不是想自比達爾文，而像養藤壺這樣的行為，在現代也許只能被歸類為「漁民」。

就在決定停止往「那條路」前進後，我安慰自己：「沒有路的時候，到處都是路。」

（鼓勵別人的時候，這是很有用的一句話，但是親身經歷過後，就會覺得真的是狗屁倒灶）。話說回來，我到了業界，其實做的事跟以前沒什麼大差別，只是更接地氣。我要想辦法減少一家鐵工廠排放水之中的重金屬含量。這家工廠，有自己的汙水處理設備，使用化學法來沉降重金屬，沉降的汙泥再由環保公司代為處理。只是，那家工廠的老闆不知道是被誰託夢，卻想要用自認環保的微生物方法來處理重金屬問題。

千萬別誤會微生物會把重金屬「分解」消失殆盡，要記住，重金屬是沒辦法被分解的。所有的金屬元素，無論它們是否是生理必需的，只要濃度過高都會具有生物毒性。而且，因為重金屬可以長時間存在於環境當中，所以更加劇了重金屬累積對人類和動物健康的威脅。以金屬鉛為例，鉛可以在土壤當中存留一百五十至五千年[163]，之後的鉛就會進到食物鏈裡。說到鉛，我記得許久之前看過一個廣告口號：「lead in your field.」我知道口號想表達的是「成為你的領域中的領導者」，只是我腦海裡浮現的卻是「你田裡的鉛」，這樣到底算職業病還是職業傷害呢？除了動物，植物一樣會受到重金屬的影響。重金屬在植物組織中積累量過高，會干擾植物的代謝功能，對植物細胞的結構、酵素與非酵素成分造成損害，導致細胞活力喪失，而對植物生長發育產生負面影響[164]。真菌當然也不能避免受到重金屬的傷害。

長期以來，有毒金屬與真菌的相互作用，一直都是受到關注的議題，因為許多殺真菌製劑就是利用重金屬來殺死真菌。但是，這樣一來，真菌殺死了，重金屬卻留在土壤當中了。在野外，菇類的棲息地如果被有毒金屬和放射性核素所汙染，那麼這些害人體的物質就會被菇給吸收累積。

真菌生物復育

真菌對於重金屬的吸收能力以及耐受程度，被應用在處理含有放射性核素或是重金屬的工業廢水上，是很有前景的生物復育方法。土壤原本就含有重金屬，但是由於快速的工業化和人為事件，例如，農用化學品不受控制的濫用，過多的重金屬大量累積而造成環境的汙染。重金屬在自然界中是「不可生物降解」而且會長久存在，因此過多的重金屬就會對生物與環境造成影響，並且透過食物鏈的累積，最終會對人類健康造成巨大威脅。

應用微生物去除重金屬，是一個不錯且有效的方法。為了抵抗有毒金屬的殘害，一些微生物已經演化出不同的解毒機制，例如生物吸附、生物礦化、生物轉化和細胞內積累等等。

微生物環境復育，一方面可以有效防止重金屬汙染範圍擴散或是轉移至生態系統中，另一方面讓重金屬回收變得更簡單。這些年來，微生物環境復育在去除重金屬汙染上的應用技術不斷改良，所以漸漸成為了生物環境復育的標準方法。

真菌生物復育，是一種生物環境修復方法，利用真菌降解或隔離環境中的汙染物，修復或恢復已弱化的環境生態系統的過程。真菌過濾也是一個類似的過程，它利用真菌菌絲體本身以及所分泌的酵素，將土壤中的有毒廢物和微生物濾出。腐生、內生以及菌根真菌能夠恢復土壤與水生態系統，並平衡其中的生物種群。菌絲體會分泌細胞外酵素和酸來分解植物纖維的兩個主要組成部分，也就是木質素和纖維素。真菌生物復育成功與否的關鍵，就是要選擇可以作用特定汙染物的正確真菌物種。例如，菌根真菌在生物環境修復中的主要作用，是藉由分泌球囊黴素來穩定土壤和植物根中的鋁。又例如，黑麴菌、出芽短梗黴、芽枝狀枝孢、粗毛蓋孔菌、靈芝、青黴菌、鬚根黴菌和雲芝，能夠從汙染的環境中回收重金屬。另外還有雜色麴菌，其在酸鹼值為六的時候，可以有效累積六價鉻與二價鎳，在酸鹼值為五的時候，可以有效累積二價銅離子。黑麴菌和草酸青黴可分泌草酸，其與二價鉛反應後會形成不溶性的草酸鉛，這樣的過程可以有效降低鉛毒性。這些真菌還可以藉由形成新的細胞壁來增強生物吸附作用，並阻止二價鉛進入菌絲內，所以即使在高鉛濃度的環境下，也可以持續生長並保持活性[165]。

真菌避免重金屬毒害作用可以區分為兩類主要機制，第一類是真菌會將重金屬沉澱來避免其對生理的影響，或是將重金屬隔離開，也就是在細胞內以形成螯合化合物的方式來達成。第二類是生物吸附、吸收或是排出。這些方式可以降低細胞內游離重金屬的濃度。在外生菌根真菌的液泡中會產生多磷酸鹽，多磷酸鹽會與各種陽離子「絡合」形成不溶性顆粒。這種方式是這些真菌細胞的一種重金屬排除方法。另外樁菇屬的真菌細胞壁會與重金屬鎘結合，另一方面也會將鎘累積在液泡中，利用這兩個能力，將鎘隔離在不同菌絲區室當中。現在發現越來越多種不同真菌，有能力可以針對不同的重金屬進行細胞累積，也許以後可以應用作為清除土壤

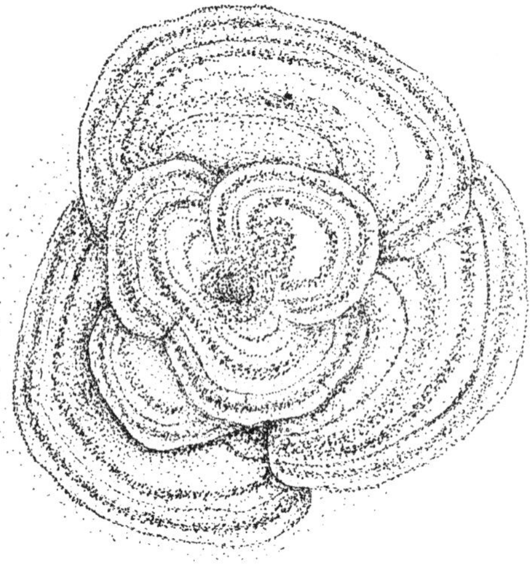

雲芝。

重金屬的良方[166]。

驚奇真菌超人

前面提到真菌對重金屬的吸收與累積能力，然而，真菌其實有更厲害的能力，就是能夠吸收利用放射性核素（亦描述於〈留在車諾比〉），也許以後在放射性核素復育中有應用的潛力。放射性核素會飄散到空氣中，隨著雨水落到土壤中累積，這時候真菌就可以發揮穩定放射性核素，以及限制該放射性核素在生態系統中遷移的作用。之後累積的放射性核素，就可以藉由設定收集點來收集並移除，也就是真菌復育的概念。

真菌可以確定森林中放射性核素的命運和運輸過程。它們在放射性核素的吸收、累積與移動扮演重要的角色，而且真菌也是放射性鉋在森林土壤有機層中的長期保留者（固定不讓放射線核素轉移）。除了放射線與重金屬之外，真菌的生物修復能力屢屢讓人驚奇，然而，對真菌來說，「分解」與「解毒」這些事，本來就是日常生活而已。

二〇二二年十一月十五日，地球的人口統計數字正式突破八十億大關，這樣的人口壓力，勢必讓已經很沉重的環境負擔雪上加霜。例如，新興汙染物的出現，其中，抗生素就是一個很典型的例子。沒有吃完的藥物，不知道大家都是怎麼處理的？丟進垃圾桶？倒馬桶？還是交由藥局回收，或是交給廢棄藥品檢收站？這裡一定要提醒一下，根據衛生福利部與藥師公會全聯會的建議，廢棄藥品最佳處理方式就是以塑膠袋密封後丟進垃圾桶隨一般垃圾清運。千萬別丟進馬桶內，不然會汙染水源與自然生態。也千萬別丟進廚餘，這樣不僅僅影響動物，也可能會經由食物鏈而影響到我們自己。現在抗生素已經是新興的環境汙染物，會對水生生態和土壤生態環境造成影響。要解決抗生素對環境汙染的問題，勢必也要借重真菌「環境清道夫」的能力。研究發現，白腐真菌所分泌的木質素修飾酶就可以分解抗生素[167]。

另外就是來自人類居住地的大量有機廢棄物，也可以利用真菌來分解與去除，例如，外生菌根真菌所產生的許多種酶，就可以被用於降解土壤中的複雜有機化合物。另外，真菌分泌的水解酶（蛋白酶和肽酶）會分解有機物中的蛋白質，將氮釋放出來。

真菌還可以分解作為炸藥原料之一的三硝基甲苯（TNT）以及多環芳烴（PAH）。這兩種化合物是普遍存在的持久性環境汙染物，它們具有高毒性，致突變性和致癌性，而且一直是大家關注的頭痛問題。工業所產生的汙染物，包含了各種類別的化合物，而且結構非常複雜，例如：多氯聯苯（PCB）。因為多氯聯苯的絕緣性能和耐燃性，所以工業上的應用非常廣泛，但是也因為不正確的工業做法，讓大量的多氯聯苯釋放到環境當中。為解決這樣的棘手問題，科學家找上了有能力分解多氯聯苯的外生菌根真菌，並將之做成可使用的生物製劑。另外，真菌在分解除草劑上的研究也有不錯的結果，有幾種外生菌根真菌，例如：圓孢滑菇、香檳牛肝菌和雜色乳牛肝菌，在實驗室培養基上顯現出高度的氯丙胺降解率，這樣的結果令人期待未來也可以利用它們來解決除草劑汙染的問題[166]。

空氣汙染對菇的影響

類似的主題在〈靈芝與靈芝王〉有大概提過。而因為空氣所造成菇汙染的例子也不勝枚舉，例如，輻射、農藥與城市車輛廢氣中的重金屬等等。如果不是不能分解的重金屬，就是量多到來不及分解的化學物。因為身為環境清道夫，又是生物環境修復明日之星的真菌，除了能降解環境中的有機物之外，它們還可以產生具有高催化能力的非特異性細胞內和細胞外酵素，可將汙染物轉化為毒性較小或無害的化合物。例如，真菌過氧化物酶具有廣泛的基質特異性，可作用於許多難降解的化合物上；又例如，酚氧化酶可以分解不同的酚類化合物。在真菌中，酚氧化酶的產生與從有機質中獲取營養、碳循環過程中碳的轉化、型態發生、去木質素化、孢子形成、色素生成、子實體形成以及植物的致病機制有關。不論其生物學上的功能如何，酚氧化酶在生物環境修復領域的應用範圍廣，是極具潛力的酵素，其能夠降解染料、羥基化多氯聯苯、多氯酚和多環芳烴、破壞內分泌的化學物質、殺蟲劑、殺真菌劑和除草劑[166]。至於不能分解的，它們也可以藉由吸收（生物吸收或生物蓄積）讓汙染物不再隨處游移，所以具備了去除汙染物的獨特能力。在應用方面，使用絲狀真菌對氣體汙染物進行生物過濾的想法也逐漸付諸實行了。

這個章節描述了許多真菌可以幫助我們解決環境汙染的方法，但是，這些都是亡羊補牢，雖有成效，但最終還是要減少汙染物的產生與排放才是治本之道。深深希望利用這些真菌方法付諸實行環境保育的人們，是真心要解決我們現在所面臨的危機，而不是趁火打劫，大撈一筆後，拍拍屁股走人，留下滿臉錯愕的投資人。畢竟，真菌可以修復被人類搞爛的環境，但是要修復腐敗的人心，可能連「驚奇真菌超人」都束手無策！

第四部

臺南

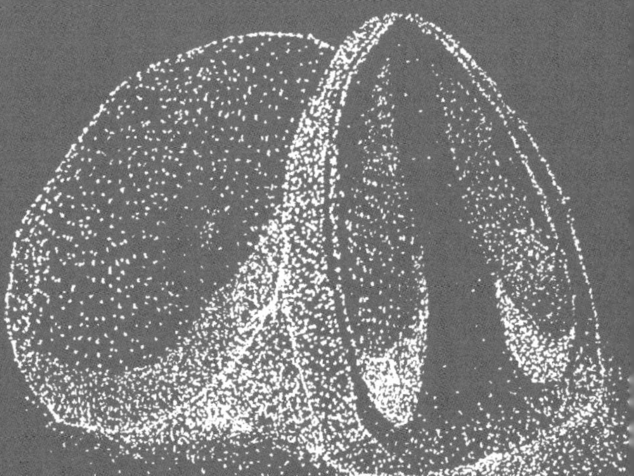

水仙宮市場

二〇二〇年，我接到《臺電月刊》編輯的邀請，開始為雜誌當中的〈豆知識〉專欄撰寫每三個月一篇的文章。

對我來說這是一個契機，可以開始把以前找的資料重新再整理過，也進一步讓我思考並想要了解「菇」在我們稱為「家」的這塊土地上的大小故事。

也許該是去探索，去發掘我們自己「菇事」的時候了。其實，也有許多熱愛菇的前輩，會到山裡或是田野間，尋找以及拍攝菇的照片，而且他們的專業程度，絕對不比高等教育的研究機構遜色。這些愛好者前輩，可以很熟稔地說出各種菇的俗名與拉丁名稱，還能道出這些菇的一些生態背景知識，甚至也能夠判定所見的菇是否為新種或是亞種。對我來說，這才是真正的菇類專家，而且是身體力行的專家。而我，也只能在圖書館裡打滾，找尋有關菇的故事，或是，自己也身體力行一下，拜訪跟菇有密切連結的人們。至於想要鑑定為何種菇，實在不是我的專長。就像老尼克這樣研究真菌生理的教授，說是真菌專家實在當之無愧，以致偶爾會收到採菇愛好者寄來實驗室的菇類樣本，請老尼克鑑定一下，但鑑定菇類真的不是老尼克的專長啊！很多人以為，讀真菌學就該能認出所有野外的菇，就像讀動物學就該能夠說出所有動物的名字，而讀植物學就該能夠信手拈來路邊花花草草的名字。但是，一個學科真的不是只有分類而已啊，那是幾百年前的舊認知了，現在都走到第五個王國（真菌界）了，觀念也要與時俱進一下。當然更重要的是，別把採集到的菇送到植物系就好，也別再說「真菌類植物」或是「植物類真菌」了！

話說回來，當我在思索著，什麼菇有著濃濃臺灣的草根味與在地性？腦袋裡馬上閃過了兒時的記憶！沒錯，就是草菇，那個長得跟「鳥蛋」一樣的生物，卻完全沒有蛋的氣息，小時候就覺得這種「鳥蛋」，一定是來自一種神祕的「鳥」。

為了更深入地去了解神祕「鳥蛋」的身世，大概三年前的某一天，我特地起了個大早，到臺南的水仙宮市場，目的就是要找市場內賣草菇的攤位。水仙宮市場據說是全臺南最老的市場，迄今已有三百多年的歷史了。市場裡的水仙宮建於一七三〇年，以前曾經是五條港之一的南勢港，廟宇是當地的商人所建。市場的名稱很容易理解，就是圍繞著這個香火鼎盛，同時庇蔭著當地鄰里的水仙宮而得名。

稻草堆上的鮮味

經過在市場裡的一點小迷路之後，我終於找到了新鮮草菇。春夏正是草菇的產季，用草菇燴豆腐就是一道有著滿滿春夏味道的美食。這個生性就喜歡炎熱的新鮮菇類，其實可查證到的栽培歷史並不長久，不過卻與早期的臺灣人們一起奮鬥，共同創造了一九九〇年代的「臺灣錢，淹腳目」。嬌貴的草菇保鮮期很短，因為冷藏後會出現凍傷，所以喜歡熱的草菇只能放室溫，但是也只能放三天左右。也因此，新鮮草菇不會出現在超市裡，有的話也是以罐頭的形式出現在貨架上。要找草菇就只能到傳統生鮮市場，那些草菇都是當天凌晨採摘的，這也讓新鮮草菇更顯珍貴。

草菇養殖的驚奇之旅

這個只有在傳統生鮮市場出現，看起來像是一顆顆灰黑色鳥蛋的草菇，何時開始在臺灣被人工栽培的呢？這要由一九六〇年代，農試所由國外引進菌種與培育方法開始說起。也因為那時候的引進，而開啟了臺灣的草菇產業[168]。

根據文獻紀載，草菇最早是在一七八六年出現在法國植物學家比利亞爾（Jean Baptiste François Pierre Bulliard）的著作《法國植物圖集》（*Herbier de la France*）當中。草菇的拉丁學名也因為鑑定上的討論而一直更動，直到一九五一年才塵埃落定，被定名為「小包腳菇」（*Volvariella volvacea*）。小包腳菇又被我們稱為「草菇」，因為利用廢棄稻稈栽培而得名。

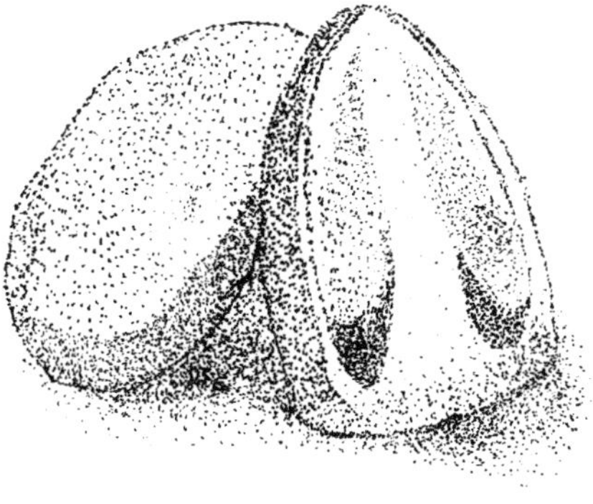

草菇。

草菇的人工栽培紀錄可見於中國清代，楊景素所著的《舟車聞見錄》，當中有這樣的描述：「南人謂菌為蕈，豫章、嶺南又謂之菰。產於曹溪南華寺者名南華菇，亦家蕈也。其味不下於北地蘑菇。」所謂「家蕈」就是已經能夠人工栽培的證據。當時，中國廣東南華寺的僧人，以發酵稻草來養殖草菇，所以草菇也被稱為「南華菇」。這說明了草菇的人工栽培起源於中國南方地區。以前除了中國之外，世界上其他地區皆無草菇的食用紀錄，也因此，草菇也有「中國菇」的稱號。二十世紀初，移民至東南亞的華人也將草菇養殖帶到了當地，開啟了中國以外地區的草菇養殖時代。

草菇的人工養殖傳到臺灣之後，曾經擁有一段光輝歷史，在農試所的鼓勵之下，一九六〇至九〇年代，許多農民或是勞工轉而投入草菇的養殖。在一九七〇年代，臺南的農會推廣種草菇，菇農所生產的草菇就交給農會。臺南六甲地區，更是全臺灣外銷草菇產量最高的地方，全盛時期，每二、三戶人家就有一戶是菇農，可說是草菇養殖最輝煌的年代。另外，在彰化也出現了以生產經銷洋菇與草菇為主的生產合作社。

陪伴著「洋菇王國」的草菇

在草菇養殖蓬勃發展的一九七〇年代，當時的臺灣是以洋菇與草菇為主要的出口菇類，而且也有著「洋菇王國」的稱號，當時生產大量的洋菇，不但為國家賺進許多外匯，也真正開啟了臺灣養菇產業的發展。當時甚至有「洋菇試驗研究所」，每年還有「洋菇試驗研究資料編輯委員會」出版的刊物。

更早在一九六一年中國農業復興聯合委員會（也就是農委會的前身）便創設菇菌推廣中心，成立洋菇小組。草菇產業就在「洋菇王國」的庇蔭之下也跟著迅速發展。洋菇與草菇的養殖技術類似，但是養殖溫度卻南轅北轍。洋菇需要低溫，所以菇農在較冷的天氣裡種植洋菇（十月至隔年三月），相反地，草菇則喜歡高溫，所以同一座菇寮就在炎熱的季節（四月至九月）裡種植草菇。再加上，當時因為臺灣的紡織業正處於發展的高峰，產生了許多的廢棄棉花，而採用廢棄棉花[169]作為原料種植草菇的技術也在一九七一年栽培成功，所以原本養殖洋菇的菇農，不但能在夏季養殖草菇增加收入，也能一併解決廢棄棉花的問題。

從此，以稻草為主的草菇栽培，就改變成以棉花為主的栽培方式，沿用至今，這也是草菇栽培歷史的一個重要轉折點。也因為利用廢棄棉花，所以草菇的栽培就進入了半機械化世代。

草菇養殖的興衰

草菇的生長迅速，養殖三週就可以採收，採收多在凌晨時候進行，待草菇還是「菌托」（呈現蛋形）的時候就必須採摘，這也是為何在市場見到的草菇外型就像鳥蛋一樣，沒有認知當中的「菇」外型。

草菇是臺灣傳統的食材之一，但是因為保鮮不易，所以生產主要供應至罐頭工廠，而鮮品銷售市場為輔。一九七〇年代初，臺灣的草菇罐頭，在品質與數量上均馳名全球，草菇產業更在一九七〇至九〇年代因為外銷而達到巔峰。一九九〇年代，主要菇類的年出口量約一萬兩千至一萬六千公噸，出口總值約四到六億元，主要出口產品為草菇罐頭，占總出口量值的40％[170]。不過，一九九〇年代之後，因為養菇技術的突破，所以開始出現許多的新興菇類，草菇養殖也就漸漸地式微。到了二〇〇七年的時候，草菇的主要產地就只有苗栗三灣、南投的名間與草屯，以及臺南的六甲、柳營與下營，產量以臺南為最大宗。

曾經盛極一時的草菇，也不敵臺灣菇類養殖大環境的衝擊而漸漸沒落。菇類養殖的農業人口外移、國外草菇產業的低價競爭、新興菇類百家爭鳴與保鮮技術的瓶頸，將草菇鮮品侷限在傳統市場，這些都是造成草菇產業沒落的原因。現在，在臺南六甲地區剩下差不多十間菇園左右，而真正有在運作的只有五間左右，其他多是廢棄坍塌的草菇寮。臺南柳營地區，也僅剩下寥寥不到十戶菇農仍然堅持著。

夕陽依舊耀眼

看似時近夕陽的臺灣草菇產業，實則仍在中國南部與東南亞地區繼續蓬勃發展。根據二〇一三年的統計，草菇是世界上第六大栽培食用菇類，占全世界菇類產量的5%。這些地區，除了有天時地利的栽種環境之外，草菇含有蛋白質、鐵、鋅、各種氨基酸和大量的維生素C，在蛋白質取得不易的地區，是不錯的替代食品，也深受當地人的喜愛。再加上草菇容易料理，燉湯、燒烤、焗烤、涼拌或是快炒都適合。

那一天去水仙宮，我一開始沒找到草菇，所以就先問了蔬菜攤商，蔬菜攤商告訴我販賣草菇的攤商位置，不過原本就是大路痴的我，還是在市場裡迷了路，然後又問了豬肉攤商，才真的找到了賣草菇的菇農（果然真菌還是離動物近一點?!）。我跟販賣草菇的菇農說明來意之後，菇農侃侃而談，並且向我介紹了屬於他們自己的草菇歷史。這位菇農是在臺南的第二代草菇農，早年父親就是種植草菇，父親年邁無法從事勞力工作之後，他就繼承了家業。眼看草菇種植業在臺南逐漸沒落，他不願見證這個專屬於臺灣的養菇歷史，就這樣被世人淡忘，所以開始致力於各種方式，想要再次振興草菇產業，給草菇一次華麗轉身的機會。

二〇二二年一月，我收到這位菇農的邀請，到他的草菇寮參加他舉辦的食農教育嘉年華。現場還請來了樂團，也有人解說，還有展示除了草菇之外的不同菇類養殖，也可以參觀草菇寮。他也很高興地展示他的新產品給我看，有泡茶用的乾燥草菇，還有作為調味的菇菇粉。果然，他的不放棄不只是說說而已，而是真的努力執行，真替他以及臺南的草菇產業感到高興。

被吃掉的文化遺產

有一次去參觀（應該說參拜才是）臺南市的一級古蹟：大天后宮。就在入口處右方，題為「竹溪六逸」的那個壁畫旁，架起了大概一個人高的鷹架，上面有一些應該是用來修復壁畫的工具。但是卻沒有見到修復壁畫的人員，於是我上前詢問了廟方櫃臺人員，才知道這是廟方委託臺南藝術大學所進行的壁畫修復工作，進行修復工作的是校方的教職員或是學生。廟方說修復人員不會每天來。我因為對壁畫的修復以及怎麼造成的（生物性）感到興趣，所以詢問了廟方人員，大概什麼時候修復人員會出現在這裡。知道時間之後，我又去了一次大天后宮，很可惜那一次又撲空了。

生物性的壁畫破壞，最有名的大概就屬法國的拉斯科洞窟內發生的事件了。位於多爾多涅河地區的拉斯科洞窟是在一九四〇年，被四個法國年輕人無意間發現的。洞窟裡面有大約六百幅令人印象深刻的史前壁畫。這些壁畫的歷史，可以追溯到西元前一萬五千年至一萬三千年的奧瑞納文化晚期，出自舊石器時代晚期的克羅馬儂人之手。[171]牆壁上的畫作是用礦物顏料和動物脂肪混合而成的，分別是黃色、紅色、棕色和黑色的各種陰影。一九四八年，拉斯科洞窟開始對外開放參觀，大批的參觀遊客慕名而來。但是卻在一九六三年的時候，法國宣布拉斯科洞窟對一般大眾無限期關閉！

被吃掉的畫作

拉斯科洞窟開放參觀之後，裡面的壁畫開始出現了變化，漸漸地失去了光彩，甚至有些慢慢地消失了！原因就是施作工人和遊客們的湧入，將大量土壤和汗液中存在的有機化合物帶入了洞窟當中，再加上人們的活動使二氧化碳的濃度幾乎達到不受控制的程度。還有安裝在洞窟中，幾乎是二十四小時不中斷的照明。二氧化碳、外來有機物加上照明，讓壁畫上的藻類開始大量生長，破壞了讓原本已經存在許久，且讓有機分子礦化的細菌與真菌的生長平衡。一萬多年來，原本相安無事的這些微生物群，因為人類的干擾，原本的平衡被破壞了。

微生物群為了適應環境的改變，重新取得了生長平衡。而這個重新平衡的過程中，最大的受害者就是那些無價的壁畫。為了阻止拉斯科洞窟壁畫永遠消失的悲劇發生，法國才宣布洞窟不再對外開放。

拉斯科洞窟也許是微生物可能對藝術品造成損害的最具代表性例子。也因為這個例子，確認了微生物的確在我們文化遺產中，扮演了破壞者的角色。

無獨有偶，位於中國甘肅省，建於北魏至蒙古統治的元朝，歷時約一千年，著名的莫高窟當中的古老洞穴壁畫也生長了許多的微生物，而且也出現了生物腐蝕的跡象。科學家由不同時期建造的五個不同洞穴中，收集了十個樣本進行分析，鑑定出了不同細菌以及真菌群落。有趣的是，細菌群落結構不同，沒有一致的時間或空間趨勢。但是，真菌群落多樣性指數與洞穴的建造時間相關，與環境因素（例如溫度或相對溼度）無關。許多可培養的菌株對各種逆境具有很強的抵抗力，因此可能是造成莫高窟洞穴壁畫損壞的原因。

在文化遺產、歷史文物和古蹟，甚至現代材料、建築物、博物館和私人收藏品中，經常觀察到生物腐蝕。因此，珍貴和具有文化意義的物品被生物降解，是一個急需解決，也是公眾需要關注的議題。

真菌的藝術品味

保存於博物館或是歷史建築中，擁有數十年或是數百年的藝術畫作，都「住著」許多不同的微生物。針對一幅十七世紀文藝復興時期，由波諾尼（Carlo Bononi）創作的《聖母加冕典禮》繪畫所進行的研究顯示[172]，這個畫作上面已經擁有自己的一個小生態系統，每一層油漆與青漆，都住著不同類群的真菌與細菌，其中的真菌與細菌就是以畫作的材料來當作食物，啃食著這珍貴的人類文化資產。所以，當你正在觀賞這幅畫作的同時，你也正在看著一個活生生的生態系統。

呈現藍色與綠色的氧化銅、呈現白色與亮黃色的鉛和錫、呈現亮紅色的硃砂、呈現紅色、棕色與黃色的氧化鐵，以及繪畫上層的紅色油漆還帶有紅色紫膠的化學特徵，紅色紫膠是來自植物或昆蟲的蟲漆酸所製成的一種染料。在適當的條件下，這些物質成為了微生物的理想營養分。也因為這樣，繪畫的鮮豔色彩隨著微生物的生長而漸漸失去光彩。

在這幅畫的深棕色與紅色顏料部分，科學家發現了常見於圖書館內的麴菌與青黴菌。在一些黃色和粉紅色的區域，還發現了枝孢菌屬的真菌孢子[172]。不同種類的真菌會以不同的色素為食，並在不同的環境條件下生長。真菌也很可能處於休眠狀態，隱藏在油漆層之間，長達數個世紀，但是如果溫度和溼度適合微生物生長，那麼這幅無價的畫作，可能就會成為破壞性微生物生長的沃土。

每一幅畫上都有特有的微生物群。因為這樣的特徵，足以提供鑑定畫作真偽的「活」證據，只要分析畫作上的微生物群或是ＤＮＡ組成，甚至還可以了解到這幅畫作在過去幾十年或是幾百年來的儲藏、轉讓以及修復過程的所有歷史痕跡。

來自真菌的染料

真菌除了會分解破壞畫作上的染料，另一方面也能產生顏色染料。而且這些來自真菌的染料也被藝術家使用作為創作的工具。較為人知的就是，由小孢綠杯盤菌所產生，被稱為盤菌木素的藍綠色素，自十五世紀以來就被當成顏料使用[173]。在十五世紀的義大利和十七世紀的德國，盤菌木素染色的木皮被用於裝飾和設計木製樂器，這種工藝品稱為鑲嵌工藝。自然染成綠色的木材使用，在十八世紀時開始減少，原因很可能是被真菌染色的木材來源短缺，以及可用於木材著色的天然染色劑和染料的種類越來越多。到了十九世紀，除了極少數例子外，使用天然綠色染色的木材幾乎已經完全消失了。

另外，盤菌木素之所以幾百年來持續被使用，就是因為它相當穩定，可以長時間在高溫、紫外線照射與電應力等各種影響之下，仍然保持原本的色調。有些染上盤菌木素的木材在歷經百年之後，顏色一樣鮮豔。也因為這樣，奧勒岡州立大學的物理學家開始研究，把盤菌木素作為電子材料的可行性。除了藍綠色的盤菌木素，其他真菌顏料還有來自革節孢菌的龍血，以及同樣來自不同種的革節孢菌的黃色顏料。

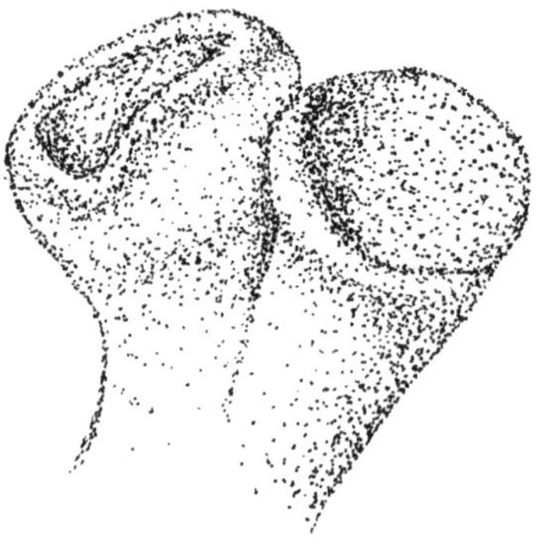

小孢綠杯盤菌。

臺灣廟宇壁畫的修復與維護

再回到臺南大天后宮的壁畫修復。臺灣地處熱帶與亞熱帶交界，是四面環海的島嶼氣候，潮溼又溫熱的空氣，加上紙張與有機顏料可以提供微生物生長的充足養分，因此畫作很容易就會滋生真菌，進而產生褐色的菌斑，或是使畫作發黃變色。畫作的保存年限因為這些自然破壞的因素而縮短，所以一些具歷史價值的藝術作品需要更多的維護與處理。

大天后宮裡，有一九五六年陳玉峰在螭庭牆壁上所繪下的〈竹溪六逸〉，也就是我見到正在修復的那一幅。這幅畫作也在一九九七年由丁清石重繪。該畫作也由臺南藝術大學負責修復。研究人員認為壁畫破壞主要由鹽化造成，但我則不專業地認為，應該生物性（真菌）的破壞也占了很重要的角色。另外，同樣是出自陳玉峰之手，於一九六一年完成，位於北港朝天宮裡的畫作，也因為年久受到微生物的侵害產生點點黴斑。

我也曾經去過三級古蹟善化慶安宮「參拜」，目的也是當中的壁畫。慶安宮主殿左右各有〈三顧茅盧〉與〈渭水聘賢〉等兩幅，為出自潘春源之手的畫作，完成於一九五二年，被列入廟內的珍貴藝術。這兩幅畫看起來同樣受到年久而生的化學性與生物性的破壞。但是，也許因為建築還不到一級古蹟，所以修復的工作也就沒有那麼急迫吧！

近幾十年來，廟宇與民間藝術創作的自然毀損與修復漸漸受到重視，現在也更重視真實性地重現原始畫作風貌。去除畫作上微生物的方法，有分成物理性和化學性兩種。化學處理包括液體殺菌劑和氣體薰蒸。不過，殺菌劑的使用有嚴格的規範，而且適用於文化遺產的化學藥劑更有諸多的限制。因為這些化學藥劑，必須要通過針對歷史性材料的各種測試，例如對顏料、有機黏合劑或紙張的相容性，而且還要避免在長期作用下，對畫作的色彩產生之影響。修復中常用的殺菌劑有：甲醛釋放劑、碳鏈長度介於十四至十六之間的季銨鹽化合物以及異噻唑啉酮等。早期歐洲的一些歷史性木製天花板使用有機錫來處理微生物問題，後來由於有機錫對環境的高毒性而不再使用。物理性的方式有利用伽瑪射線照射細菌與真菌，非常有效。不過伽瑪射線會造成畫作材料的老化。

這些年來，臺灣有更多的文物保存研究正在進行，人們正致力由微生物的餐桌上，搶回屬於人類的珍貴文化資產，讓這些重要的人類文化寶藏可以保存下來，繼續為後代所讚嘆。

雕梁畫棟有真菌

我喜歡走訪廟宇。我不僅僅對於廟宇的壁畫有興趣，讓我著迷的還有雕刻。梁柱上、藻井上，都有豐富的故事。另外，還有那些似真又假的廟宇歷史。廟宇就像一座座充滿在地歷史痕跡的博物館，當中的雕刻包含了許多意象與隱喻。職業病驅使，進到廟宇後，我會專心地找尋存在於雕刻與藝術作品裡的真菌元素。

圖紋的意義

因為渡海而來的大批移民，臺灣大部分的傳統建築風格（不包含原住民建築）傳承自中國閩南與廣東地區。富裕家族所擁有的大規模家居，通常融入了許多風水元素，以及更講究的建築工法。廟宇不僅是各地的信仰中心，也是另一個可見建築工法，且歷史痕跡保存較完整的地方。每一座廟宇，無論新舊；每一棟家屋，無論規模，都是一幅活生生的畫作，是一幅你可以走進去親身體驗的立體畫作。細心如你，也許會注意到梁柱之間的寓言故事。

事實上，家居與廟宇的雕梁與畫棟，都是一個個期望的、警世的、勸人為善的、定位自己的歷史故事。那些不能說出口的鬱悶藉著創作，無聲卻響亮，無字卻明瞭。也許你我都沒有發現，有些廟宇的屋角雕刻，隱藏了許多在某個歷史時空中不能說出口的祕密，只能夠藉由雕刻師的雕刀或是泥塑師的巧手寫在建築上。

常見雕刻，例如，臺南關帝殿的廊牆虎壁腰堵上，所雕刻的老鼠咬南瓜。其中老鼠因為繁殖迅速，所以代表多子多孫，南瓜則是因為藤生長綿長，所以有綿延萬代的意涵。甚至仔細觀察可以看見，人們嘗試將教育擺放在建築的每個角落。家有家規，講究的家居將規矩融入了建築當中，頂住梁柱的基石，外梁柱下的是圓形，內梁柱下的是方形，家居建築正在提醒子孫做人必須外圓內方。這是有一次，對古蹟修復有滿腹學識且有豐富經驗的友人，帶著我跟家人去到成美文化園，彰化的魏家永靖古厝時，向我們生動解釋所留下的記憶。

尋找廟宇裡的真菌意象

廟宇雕刻多以人物或是動植物為主，這些生物有些是生活中常見，也有些是傳說中才會出現的生物，例如，龍。在人類生活當中占有相當重要地位的真菌，當然也不會缺席，只是常出現在廟宇中的真菌物種卻只有一種，那就是道家奉為神藥的靈芝。靈芝被作為藥用已有兩千多年的歷史，其強大的功效被記載在古代文字當中[174]。西元一四〇〇年開始，靈芝的圖形大量出現在與道教相關的藝術作品當中[175]。之後，草藥書一直改編與新增的內容，由漢代的《神農本草經》到明代李時珍編纂的《本草綱目》都有靈芝或是其他藥用真菌的描述。一九八七年，藥用真菌清單已經來到兩百七十二種，之後又增加到七百九十九種[176]，相信這數字會再持續增加。靈芝，這一類多年生的多孔菌，在野外生長很慢，也相對稀少，一直以來就被道家視為珍貴之品，傳說中為「仙草」。在道教裡的「雜八寶」，是作為祈禱吉祥幸福的象徵，當中就包含了有長壽之意的靈芝。

位於高雄市岡山區的壽天宮，其聖母殿的前步口廊龍虎牆「身堵」位置，左側龍牆上為南極仙翁，右側虎牆上則為壽仙麻姑，肩挑一枝細長竹枝，枝上掛一壺靈芝酒，手上也持有靈芝。還有，臺北市萬華龍山寺〈慈雲普照〉牌匾下的梁柱彩繪，也能見到靈芝的蹤影，彩繪裡有一對丹鶴，在生長有靈芝的地上互向觀望。靈芝的圖紋也可見於萬華龍山寺，因為傳說中的靈芝具有延年益壽的功效，也是德仁的象徵。另外，萬華青山宮的〈蒼松壽古〉彩繪就是以青松、壽帶鳥與靈芝為主題。還有以靈芝為名的廟宇，例如，新北市鶯歌靈芝慈惠堂，而且很容易理解這個一定是道教的廟宇，因為道教將靈芝視為仙草，崇拜靈芝。

離島的金門也有靈芝彩繪，只是出現的地方不是廟宇，是宗室祠堂。金門瓊林蔡氏祠堂建築群當中的彩繪與裝飾藝術，就出現了許多的靈芝意象在其中。例如，位於正廳第一與第二棟架上，以及其他地方的〈靈芝惹草〉。「惹草」是裝飾用的植物紋飾。

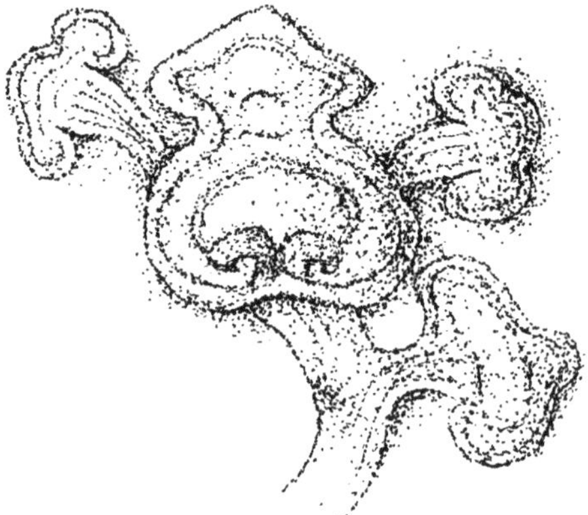

靈芝（如意）。

靈芝、靈芝又是靈芝，這是我在搜尋廟宇的真菌意象時的感想，可見真菌在宗教上的意義是多麼地微不足道與貧乏。但也不必太過在意，畢竟這個「真菌類植物」的概念，到目前為止還是深植於多數人的心目當中，而真菌對大眾來說，也只是一種「植物」而已。

盤據在古老建築的陰魂

每次要打開塵封許久或是久未注意的衣櫃或是木櫃紙箱時，都會有忐忑不安的心情，因為很有可能見到的「驚喜」不僅會壞了一天的好心情，還必須花上大半天收拾殘局。多雨潮溼的臺灣海島型氣候，是真菌最愛的生長環境。記得有一次到儲物間，要找一件薄的西裝外套，打開衣櫃映入眼簾的是，一件布滿毛絨白斑的花西裝。看了看遲疑了一下，心想：「我不記得有這件衣服啊？」

下一秒突然驚覺：「是發霉！」

然後回過神來，也只能傻笑安慰自己：「這件西裝外套很確定沒有添加任何的抗真菌化學物，真是一件對人體很健康的衣服啊！」

潮溼溫暖的地方會有黴菌滋生，那麼，在乾燥低溫的地方應該就不會有到處發霉的狀況發生了吧？的確沒錯，乾燥是最佳的防黴方法（在〈吾自水中來〉有約略提到水分對真菌的重要性），但是沒有可見的發霉狀況，並不表示沒有黴菌存在。還在芬蘭的時候，的確沒見過家裡的東西發霉過，因為氣溫低再加上空氣乾燥，根本不會有發霉的狀況，所以當地的建材都不會添加殺真菌劑，一方面這些化學物可能對身體有害，另一方面氣候乾燥也不太需要添加。有一次跟芬蘭的朋友聊到，臺灣建材裡都有添加殺真菌劑，而芬蘭朋友卻一臉驚訝告訴我，他聽也沒聽過在芬蘭建材需要加這種有毒的東西。然而，在臺灣就需要添加，不然發霉對人體的健康影響，應該比殺真菌劑來得高出許多。這個方式真的是必要之惡，而且，實際生活當中有太多類似的例子，而這些相信完美主義者是無法接受的，但是，有缺陷的世界才是真實美麗的世界，不是嗎？

雖說在芬蘭不會發生室內發霉事件，但是，卻「幸運」地被一個朋友親身經歷了。這事件也證明了，那個陰魂不散的黴菌，一直都在，從來沒有離開過。事件是這樣的，朋友有一次全家一起外出旅遊，期間，家裡用來保持室溫的熱水管，因為鏽蝕承受不了蒸氣的壓力而爆開了，熱蒸氣開始溢散出來，溼度與溫度都到達熱帶雨林的狀況。朋友外出約一週的時間，回家時真的見到如熱帶雨林的場景！牆壁長滿了各式各樣的自然圖騰，有黑色、綠色、白色等各種顏色。家具與家電也是，衣服與書籍無一倖免。就連壓克力板，全部都長滿了黴菌！只能說，黴菌真的沒有一次讓我失望過！

事實上，在空氣中到處都有黴菌孢子，落下的灰塵裡面，包含了許多的真菌孢子。古老的建築物更是累積了不少，經年累月的塵土飛揚，如果再加上潮溼，那麼這些歷史建築就會成為黴菌生長的最完美場所。例如，在波蘭，歷史建築中一些常見的黴菌包括有黑麴菌、出芽短梗黴、球毛殼菌、枝孢菌、鐮孢菌、青黴菌、葡萄穗黴與木黴菌等等[177]。在這樣的建築物當中，黴菌會在牆壁表面，天花板和室內裝飾物上生長。歷史建築的裝飾與雕花，讓清理變得更加困難，所以也提供了黴菌最佳的藏身地點，等待著一年當中最佳的季節與時刻生長，年復一年，就像揮之不去、糾纏不清的陰魂一般，詛咒著古老建築。

報告長官！我的褲子破了

不只城市中的建築會在適合黴菌生長的條件下，毫不留情地被黴菌給吞噬，即使是在野外，一旦人造物品暴露在適合黴菌生長的環境裡，不用多久，黴菌一樣會毫不保留地進行「塵歸塵、土歸土」的程序。過程中不只褲子會破，就連住的帳棚都不堪摧殘而滿目瘡痍。

這又讓我想到，以前英國有一位木黴菌專家在報告時所舉出的經典故事，而這個故事的主角，就是環境中常見的木黴菌。故事要由七十多年前的所羅門群島開始說起，有著驚人分泌纖維素酶能力的瑞氏木黴，在二次世界大戰期間驚動了駐紮在島上的美國陸軍[178]。當地駐軍的衣物、裝備與遮蔽物，無一倖免，都被木黴菌分解而千瘡百孔。美軍一度自己嚇自己，以為是敵軍的生化武器所造成。但是，即使是這樣，人類就舉雙手投降了嗎？當然不！後來，美國科學家瑪麗．曼德爾斯和埃爾溫．里斯彭，帶領著納蒂克軍事研究實驗室的研究人員，將這個瘋狂分泌酵素的綠巨人浩克馴服，而成了拯救時尚以及工業的超人克拉克。

未來菇舍

曾經在某個網路論壇上，看見網友對某個議題的討論串，猜測應該是菇農的網友語重心長地說：「沒事，千萬別養菇。」真的很辛苦，然後也補充了一句：「而且，沒——四千萬也別養菇。」這真的是雙關語。我自己也因為工作的關係，到了幾處位於彰化與雲林的現代化菇舍，現在的菇舍已經不是我到臺南六甲所看到，用稻草做屋頂，四周用黑布遮蓋的菇寮。現代化菇舍是有良好養殖環境，全面環控，有些還半自動化養殖，這些都是未來養菇業的趨勢。走訪的過程，深深覺得有實戰經驗的菇農，才是真正的真菌（養菇）專家，實戰養殖的經驗不是書本當中可以找到的。然而，臺灣是在什麼時候開始養菇累積實戰經驗的呢？

起點

佇立在超市的菇類商品展示架前，或是參觀井然有序的養菇場，除了想到這些菇類要怎麼料理之外，總是會有個念頭浮上心頭，這些菇類最開始是怎麼來的？怎麼開始被我們養殖的？這個問題，要能找到答案，就必須探訪以前的文獻。有文獻佐證會更有信心確認，而不是用傳說來搪塞可能的歷史。臺灣有文獻紀載的養菇歷史，要由日治時期的臺灣談起。大正八年（一九一九年）九月的時候，當時的日本政府開始進行濁水溪上游森林治水的調查，這是臺灣森林治水事業的真正開始[179]。而且，這個治水事業與臺灣養菇事業的啟蒙息息相關。當時的日本總督府營林局林務課課長山崎嘉夫、殖產局、警務局與臺灣電力株式會社等十多人，組成了調查隊前進山林。調查報告中的意見之一，提及若要禁止原住民焚耕與狩獵，以免破壞山林，就應考量其生計，使其轉向燒製木炭、栽培香菇、果樹、編籐並鼓勵造林。

還有更早的歷史可以探究嗎？還能找到更早臺灣開始種菇的歷史嗎？根據農試所的資料，一九一五年澤田兼吉曾記述臺灣的香菇人工栽培情形，並發表在《臺灣博物學會會報》。然而更早的史料是在一九〇九年[180]，美國真菌學家威廉・莫里爾（William A. Murrill）

首先記錄臺灣有以利用長尾栲（學名*Castanopsis cuspidate*，異名：*Quercus cuspidata*）段木栽培香菇的情形。威廉・莫里爾在文章中描述，「一種被稱為『Skiitake』（此處應為筆誤，正確應是『Shiitake』）的菇，生長在一種橡樹上。因為其優良的風味，而受到日本人和中國人的高度讚賞並大量食用。在過去的一年（一九〇八年）裡，它的種植方法被引進盛產橡樹的臺灣（福爾摩沙）山區。」種植方法為「將樹砍倒並修剪掉較小的樹枝，每隔一段時間將淘米水澆在上面。」會由日本被引進臺灣種植是因為「在臺灣，首次收穫需要大約一年的時間，但是日本通常需要三年。而且直到第三年，菇的大小和風味才會有所改善。」

這也是常常看見文章當中，提及臺灣養菇事業已經有百年歷史的由來。這百年來，吃苦耐勞的臺灣人讓臺灣的養菇事業突飛猛進，更造就一代的驕傲歷史。未來，我們也會持續養菇事業，而且相信會更加多元，更加精采。

府城小菇事

二〇二〇年，出版社建議我也許可以寫個計畫，來推廣臺灣的產業與歷史的發展，一方面也可以推廣科普。這個想法實在太棒了，所以我與出版社就開始著手計畫一些內容。當時計畫以臺南市的草菇種植產業為主題，然後利用週末舉辦走讀活動，與草菇種植的菇農合作，除了引領參與者實地了解「臺灣草菇」的傳統栽種過程，還會與在地的教育單位合作，舉辦一些認識菇類與環保的講座，最後會有採菇體驗活動，讓參與者帶回新鮮的草菇作為伴手禮，也可以讓參與活動的菇農有些報酬。這計畫實在太完美，寫完計畫後的那天，我帶著甜甜的微笑進入夢鄉，美麗的夢境伴隨著我入睡。

這場有美麗夢境陪伴的睡眠，讓我在醒過來的時候精神飽滿，即使計畫最後沒有通過，但是我的臉上是掛著笑容的。多麼不符合常情的勵志小故事啊！計畫沒過應該要捶胸頓足、抱頭懊惱才是。但那場「府城小菇事」的夢很美，所以我決定掛上笑容，繼續往「喜歡真菌的那一群人」靠攏，互相取暖！後來也發現，在地也有很認真地推廣草菇，就安心許多了。

事實上，寫計畫的過程中，我嘗試著要去找有關臺灣菇類的小說或是文學，即便是一個章節或是一小段都好，但是資料卻少得可憐。一開始尋找這方面資料的時候，我就知道這是一件艱難的工作，礙於我只能閱讀中文或是英文，更侷限了我的視野，所以說語言真的是打開視野的一個重要工具。以前生活較艱苦的年代，從事農業耕種的人們多是教育的缺席者，再加上養菇不是農業主流，所以沒有多少（甚至沒有）流傳下來有關菇類種植的「農家樂」故事。更不會有到野外的「採菇樂」故事，所以也很難一窺過去年代的「菇事」。但是，尋找與菇有關的臺灣文學，就像實境尋寶一樣，你要親臨可能有寶藏的圖書館，翻開可能有藏寶的「可疑書籍」。也許就在地方誌裡面，也許就在文學集裡面。

有一次回高雄老家，隨口問了母親，老家附近以前是否有人種菇？因為我自小的記憶裡，就不曾見過老家附近有菇寮，也許因為自己小時候探險的範圍還不夠遠，所以不知道。母親說，以前是有人種菇，也就是臺灣被稱為洋菇王國的那個年代，那時，大家都想要種洋菇試試手氣，因為有政府保證收購，只要種得出來，就一定賺大錢。問題是，種得出來嗎？可能許多人把種菇，誤解成種菜了。就如同，鍾鐵民先生所著的小說〈菇寮〉章節當中的描述（一九六〇至八〇年代），主人翁李有福聽了友人的建議，放棄了自己經營的腳踏車店，也跟著要去養洋菇發大財，用心搭建了菇寮，卻因為培養條件與菌種等等的因素，而終告失敗。真實呈現當時生活現實的短篇小說，遍尋那個年代的文學，我也只有找到唯一的一篇。另外，就是蔡仲恕二〇二一年的短篇小說〈大破料〉（上）當中，很短暫描述洋菇寮用火不慎引發的爆炸事件。主人翁的父親在溪流邊用稻草搭起了菇寮，並具體描述菇寮裡的結構，還有養菇所需要的基質，以及需要在菇寮過夜的情形。某天夜裡，菇寮因為用火不慎，釀成火災燒到瓦斯桶引發爆炸，結果，寄望養菇收入能夠讓一家溫飽的夢就此破碎。

後來，我也問了母親，那個種菇的人，之後怎麼了？母親說，好像也沒種起來，還欠了一屁股債。

彼得兔的故事

剛到英國愛丁堡的時候，最喜歡跟老婆兩個人一起去逛二手市集，因為口袋裡沒什麼錢，所以即便去了二手市集也只是觀賞居多，真正掏錢出來買，除非真的看見很喜歡的東西。有一次假日，去逛了位於利斯街上的約翰・路易斯百貨公司的地下停車場二手市集。一本老舊的畫冊吸引了我的目光，我掏出了五英鎊將它買下。這是一本老舊的彼得兔畫冊。彼得兔是英國女插畫家，碧雅翠絲・波特（Beatrix Potter）所創作的虛構擬人角色。這個角色最早出現在一九〇二年所出版的童書《彼得兔的故事》當中。

波特小姐是因為《彼得兔的故事》而變得家喻戶曉，鮮少人知道其實這位插畫家也對科學有著高度的興趣，而且最吸引她興趣的領域就是真菌學。在至少十年的時間裡，波特繪製了數百幅詳細、準確的菇類圖像。她在顯微鏡下觀察研究它們是如何繁殖的，並寫了一篇關於真菌孢子萌發的論文，該論文在著名的倫敦林奈學會上發表。原來，波特也是同好中人啊（參考〈真菌A片導演〉）。

波特身為一位女性，在那個科學以父權為主的年代裡，還可以爭得一席之地，實在不簡單。波特的第一幅為人所知的菇類水彩畫，創作於一八八七年夏天，當時她二十歲。到一八九〇年代初期，波特的藝術作品越來越多地聚焦於真菌上，繪製了三百五十幅精準的真菌、苔蘚和孢子的圖片。

藝術可以刺激與激發我們思考，讓我們夢想得到不可能的力量。藝術與真菌之間有沒有關聯呢？也許不是直接的關聯，但卻是藝術家的理想題材。這裡指的絕不是嗑了迷幻菇之後的藝術創作，我對迷幻菇這個題目也完全沒有興趣，因為對我來說，腦袋清楚比什麼都重要。

不過既然提到了迷幻菇，不知怎麼的，也讓我聯想起一部一九九九年的電影《駭客任務》。在電影當中，一開始讓男主角選擇紅色藥丸或是藍色藥丸的場景。這個奇怪聯想完全是天馬行空。在電影當中，人們生活在完美的數位夢境裡，服下紅色藥丸會脫離夢境回到非常糟糕的現實；服下藍色藥丸就可以繼續待在數位夢境。然而，當年的第一顆迷幻菇藥丸就是粉紅色的，難道是編劇的靈感來源？不得而知，純粹只是個人的奇怪聯想。

真菌激發藝術家的創作，有時候會是菌絲的網路結構，有時候會是菌褶的層疊效果，甚至菇的外型，以及用菌絲產生的材料等等。再來就是真菌給我們的框架印象，例如，黑暗、死亡與腐敗等等。很可惜沒有什麼光明面的想法出現。也許採菇樂？也許美味大餐？這樣的聯想就會光明一些。但是一盤炒蘑菇，感覺就不是很優的藝術題材！不過有一盤炒蘑菇可是改變了歐洲歷史呢！（參考〈養活一代臺灣人〉）。

實際上，藝術與生物科學是有相似點的，這個相似點就是人們追求的完美，也就是這兩個本質看似完全不同的事件，因為人們對美的追求而有了相同的目標：研究和理解自然，以及作為自然一部分的我們。也因為如此，藉由不同的方式，來探索我們所生活的世界，產生的見解有了不同的知識和經驗：理性的、唯物的（科學）和情感的、生動的（藝術）。除了波特小姐的例子，還有最佳的例子，就是文藝復興時期的達文西將藝術與科學相結合，成為畫家、發明家、雕塑家和數學家。

《彼得兔的故事》初版時，印製了兩萬八千本。直到目前的統計，這本書已經被翻譯成四十五種不同語言版本，在全世界的銷量突破四千五百萬本。波特小姐出版的畫冊故事書，則已經銷售突破兩億五千萬本[181]。而且到現在，你還可以看到她的書陳列在書架上。

波特小姐是明智的，有了彼得兔，父權科學殿堂也就只是一個窄小、陰暗、臭氣沖天的公共廁所，為避免流浪漢進駐，所以二十四小時開著紫外燈且沒有人打掃。這種奇怪連結的想法，別說你讀的時候很驚訝，我寫的時候也跟你一樣驚訝。

手繪真菌

記得以前的生物課，用顯微鏡觀察到的微生物必須要用「點點圖」畫出來。而且古典的真菌學論文裡都可以看到很棒的手繪圖，因為在那個年代要拍攝顯微鏡圖並不容易，不是每個實驗室都有昂貴的拍攝設備，再加上數位相片也還未盛行，而且傳統相片必須要沖洗後才能知道拍得好不好，所以手繪顯微鏡圖，變成了生物學家的必備基本技能。

這些顯微鏡下的微生物手繪圖是什麼時候開始的呢？

英國發明家虎克（Robert Hooke）在一六六五年發表了史上第一部利用顯微鏡研究微小物體的著作《微物圖誌》（*Micrographia*）。書裡有精細的插圖，包含了灰長尾管蚜蠅的眼睛、一片苔蘚、蝨子的身體、一隻螞蟻或跳蚤，當然也有真菌。在書的最後，還有藉由望遠鏡觀察到的星星和月亮，這本書完全改變了我們的視角。從那個時候開始，其他的研究者也開始出版了一些精美的微型真菌插圖。

現在，隨著可安裝於顯微鏡上的數位相機與電腦繪圖軟體的發展，微型真菌的插圖已變得不那麼常見了。不過有些顯微特徵還是需要用插畫來呈現，以輔助照片的不足。只是完成繪圖所需的專注力，會讓著手畫插圖的生物學家更能觀察與注意到研究主角的型態特徵，從而獲得對真菌型態有更多理解和知識。而且如果不是

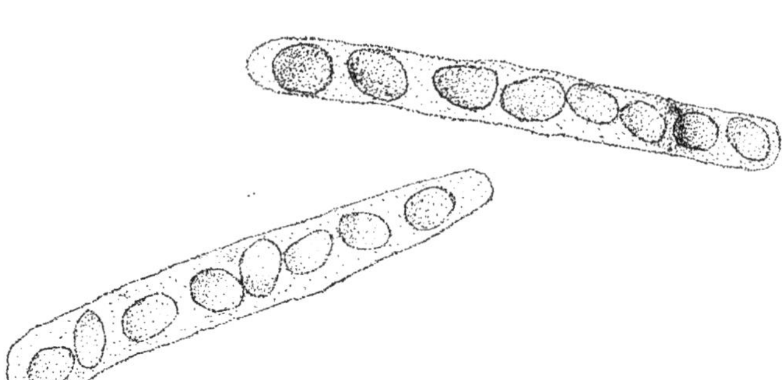

糞殼菌屬（Sordaria sp.）真菌子囊。

藉由手繪細細研究，常常會由照片誤判了真正的結果。所以，在真菌學與真菌分類學的研究上，應該要鼓勵學生，利用手繪真菌的型態特徵來進一步了解真菌特徵，特別是在描述新真菌物種的時候。

隨著DNA研究技術的廣大應用，想要進一步提倡手繪科學圖片，其實已經變成不可能的任務。只要了解DNA組成，分類學就不會是問題，而且DNA定序已經是很純熟的技術了。所以若要學生提筆繪圖，可能只會招來學生的嫌棄。

我們去菇舍看展覽吧！

在過去的西方世界裡，有那麼一個時代，科學與藝術是一體的兩面。前面所提及的達文西就是很典型的例子。但是到了十八世紀後半，大量的科學訊息不斷地產出，漸漸地，因為科學家與藝術家在不同領域上，涉獵的態度南轅北轍，所以科學家與藝術家之間的合作似乎也跟著進入休眠期。今日，科學家和藝術家又漸漸地以非常謹慎的態度，開始探尋彼此之間的自然連結。若將科學與藝術做切割，真的是限制了我們的創造力與想像力。

真菌對於藝術家是很有吸引力的，因真菌本身就是一個活藝術，它們是動態的，不受控制的實體，完全自由生長自由發揮，而且可以根據特定的目的進行研究與利用。菌絲體不是收集而來的藝術品或物品，也不是為了展示而製作出的道具，它們是靠著藝術家設計的骨架，自己長成了一件藝術品。這一類的藝術創作還是少眾，然而受真菌科學及其生物技術潛力啟發的當代藝術家是走在藝術前線的，而且也是跨領域學科的實踐者。

以前同實驗室的一位英國同事，是我認識與藝術最接近的科學家。二〇一一年上映的電影《全境擴散》，為了幫這部電影做宣傳所打造的巨大培養皿，並在裡面塗滿了細菌和黴菌，然後隨著時間，這廣告看板上的「CONTAGION」字樣，就活生生地「長出東西來」，而且細菌和黴菌每天生長的樣貌都在變化。而這個看板，那位英國同事就有參與設計製作。聽起來就很酷！這是微生物與商業藝術的跨領域合作的例子。將真菌與藝術的概念，帶進商業當中的企業也越來越多，例如，Ecovative與MycoWorks這些生物技術公司，就是利用真菌生產產品並且實現了藝術願景。

藝術家、設計師與科學家對於創新這個字的涵義見解是完全不同。藝術家與設計師對於數據收集與發表論文是一點興趣也沒有的，也不曾做過發表論文相關的事。但是，數據收集與論文的發表，卻是科學家念茲在茲、魂牽夢縈的唯一職志，所以科學家對於與藝術家或設計師合作完全不感興趣。進到業界之後，我還是持續與學術界的友人有聯絡或是合作。在商業場上，任何計畫或是商品開發與「錢景」無關的，都會被打入冷宮。但是，如果只是想到錢，那麼創造力就會受到侷限，所以可以與老朋友天花亂墜地聊前景實在是一大享受，雖然多半聊天碰撞出的火花與奇怪想法，也都會在酒醒之後，隨著早晨的馬桶水流聲消失殆盡。不過，只能用「舒暢」來描述了。

恭喜正在閱讀這本書的你，已經讀完本書五分之四的內容了，真是辛苦了，也衷心希望讀者可以習慣我的思路飆車與急轉彎。會這樣其實是有原因的，因為在野外採過菇、拍過菇的前輩們一定都能理解，計畫好了要到某個固定地點去看看去年曾見過的菇，卻總是讓人撲空又失望透頂，但是就在決定收工回家時，在行進中的車裡往外望，竟看見那顆菇直挺挺地站在路邊的樹根處，像是在跟你揮手道別一樣：「下次再繼續努力喲！今天的捉迷藏很盡興。」這般不按牌理出牌，就是真菌的其中一個特色。在傳統的菇舍裡，並沒有環境控制的設備，所以種菇這個事業是靠天吃飯的行業。不同菇類所適應的溫度氣候不同，所以慢慢出現了種植相同菇類會有聚落效應，例如：臺中的香菇與臺南的洋菇。然而新式的菇舍多半都有環境控制設備，所以種菇不再有氣候、地區與產季的限制。現代化的菇舍，如果不是有人引領，菇舍主人其實不太願意讓陌生人參觀。如果這個具備完整養菇設備與材料的地方變成了一個展覽館，應該會是一個很棒的想法與做法，例如，用生長的菇包創造出令人驚豔的雕塑，是展品也是農產品。當然，這只是一個夢想，或許哪天會有夠瘋狂的菇農願意嘗試也說不一定。

第五部

在任何地方與真菌的相遇

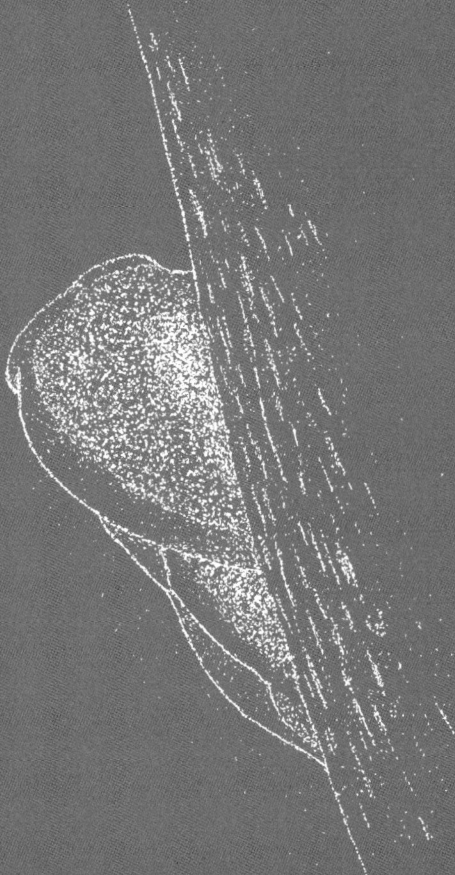

在腐生的日子裡

在每一次將烹煮後的美味蘑菇塞到嘴裡之前，偶爾腦袋裡會閃過美國知名主廚柯里奇歐（Tom Colicchio）說過的一句話：「蘑菇可以非常昂貴，但是它可能是你吃過最接近土的食物。」因為我是人類類群分類上的「愛菇」那一群，對於疑似「不愛菇」的另外一群人，所說出的這一句聽起來有點刺耳。但是，絕不會因為這樣的說法，我就放棄即將入口的美味。也許，柯里奇歐不是很喜歡蘑菇！畢竟這個世界分成兩種人，一種是「愛菇」的，另一種是「不愛菇」的！這個分類群在我的書裡會常常見到。

其實，真菌不是只有從土裡冒出來而已。我們對於環境影響真菌分布知之甚少，但是因為真菌的腐生特性，所以可以確定的是，有機物的存在與否是真菌分布的關鍵因素。大多數的真菌都可以利用木質素、纖維素或是其他多醣來生長，這些物質通常都是枯死的植物所留下的。也因為這樣，大多數的腐生真菌應該是廣泛地分布於世界各地，只要其棲息地具有足夠的有機物質來支持其生長即可。

因為自然界中大部分木質素都是由真菌所分解的，如果沒有腐生真菌的幫忙，我們可能會被淹沒在堆積如山的落葉與枯木裡。腐生真菌最常見於土壤當中，通常除了分解有機廢棄物之外，它們並不會對植物造成不良的影響。但是，有時候菌絲生長過於緻密，其疏水性會阻礙植物根部的水分吸收，造成植物的死亡。如果這個狀況發生在草地上，就可以看見草坪出現所謂的「乾斑」，也就是一塊塊枯死的草皮。同樣地，花園或是花盆裡出現蕈菇，一般來說不會有太大的問題。但是，當這些蘑菇「過度」生長的時候，還是會對植物造成影響，例如，菇類在生長的時候，體積會增加許多，可能會壓迫到其他的植物；還有，盤菌科真菌的生長，有時候會造成植物幼苗的窒息死亡。除了這些可能直接造成植物的損害之外，有些出現在花園或是盆栽的蕈菇，雖然不會對植物有所傷害，但是可能會讓園丁直接放棄花園！例如，會發出惡臭的臭角菌，如果花園是臭的，那麼所有園藝的雅緻都會喪失殆盡。另外就是，如果一片漂亮草皮上出現了許多的菇蕈，整理草皮的園丁一定會非常失望，要是出現的是有毒蘑菇，那麼這片草皮可能就不適合年幼小孩或是寵物在上面嬉戲。

木質纖維啊！美味的木質纖維！

自然界中最持久耐用的纖維素來源是木材，也因為這樣，人類用木材建造房屋，可以維持數十年甚至上百年。研究指出，在系統基因體學和分子時鐘的數據顯示，大約三億八千萬年前，出現木本植物之後，真菌就一直以木材為食物[182]。木材的真菌分解，在生態系統和全球碳循環中扮演非常重要的作用。木材含有40～45％纖維素[183]，但分解速度很慢，因為纖維素嵌入木質素當中，加上木質素是一種疏水性酚醛聚合物，具有抗微生物侵襲的特性，所以更增加了纖維素被分解的難度。因此，要以木材為食，真菌的菌絲就必須要能夠分解或滲透木質素。一般所謂的白腐真菌就有能力破壞木質素，然後從木質纖維素中，獲取纖維素和半纖維素。

將木質纖維素從木質素保護層中釋放出來的真菌作用，在生態系統的碳循環中扮演重要的角色，因為去除木質素後的纖維素，可以被許多不同的動物所利用，例如，原生動物、線蟲、軟體動物、甲殼綱、昆蟲和蜘蛛。受惠於真菌的動物種類多樣，所以有些演化生物學家認為，真菌造成樹木腐爛，可能為無脊椎動物的早期多樣性做出了重要貢獻。脊椎動物也可能從真菌分解木質素中受益，例如，在安地斯山地區，當地農民會把已經被真菌分解的腐爛枯木，拿來當作反芻動物的飼料。利用真菌分解木質纖維的做法，也開始被應用到一些富含木質素的農業副資材上，而且很適合用於反芻動物的飼養。

酶燃燒與酶分泌

氧化性木質素的分解作用，因為反應過程劇烈（被稱為「酶燃燒」）會傷害細胞本身，所以不可能發生在活細胞「內」。因此，真菌的做法就是在細胞「外」進行。真菌利用過氧化物酶（使用過氧化氫作為氧化劑）以及會產生過氧化氫的酶，共同作用氧化木質素分子並使之不穩定，然後將其化學分解成較小的片段。木質素過氧化物酶（LiP）、錳依賴性過氧化物酶（MnP）和通用過氧化物酶（VP）這一類的酶，已經在擔子菌當中演化出多樣性[184]。

錳依賴性過氧化物酶，會與許多真菌所分泌的有機酸（例如，草酸鹽）形成穩定的可擴散性複合物，這些複合物將木質素酚氧化為苯氧基。在所有白腐真菌都發現有錳依賴性過氧化物酶，因此這個酶在生態系統中扮演分解木質素的重要角色。

木質素過氧化物酶在過氧化氫的存在下，被氧化成為活化狀態。被活化的木質素過氧化物酶會從非酚類芳香族化合物中虜獲電子，產生不穩定的芳基陽離子自由基，然後這個自由基分子會經過多種非酵素促進的分子內反應（例如，芳香環的環斷裂），最後產生小分子的混合物。

酶分泌是真菌的重要特徵，是真菌生態學的核心，而且也應用在生物技術上。酶的釋放在時間和空間上，取決於可利用的基質和真菌生長的狀況。絲狀真菌在發酵過程中，可以分泌出比酵母菌還要高出十倍的蛋白[74]，只是，對於絲狀真菌的分泌過程，我們知道還是太少。相較之下，酵母菌的發酵已經有很深入的研究，所以利用原生或是人工改造過後的酵母菌做發酵產生酶，還是比絲狀真菌發酵來的盛行。不過，也因為絲狀真菌的發酵潛力，工業對絲狀真菌的發酵研究或是實際應用，仍然保有高度興趣。也有實際被操作應用且相對技術成熟的例子，例如，黑麴菌被應用在工業上，生產一系列異源分泌的酶[185]。黑麴菌的分泌路徑已被成功修飾改造，將原本產生在細胞內的蛋白質或酶，轉而分泌至細胞外，這讓取得這些分泌物的過程變得簡易許多。也就是說，直接在培養液當中就可以分離所需產物，不必再經過收集和破壞細胞，然後才能取得產物的繁瑣過程。

大氣中的飄浮孢子

在芬蘭的時候，有一次跟著森林系的老師到森林裡。沒錯，這樣描述很正常，如果是，「有一次跟著森林系的老師到牧場裡」這樣就怪怪的了。這一趟的目的是去森林裡介紹樹木的真菌疾病，「苦主」是五年齡的小松樹，在這個重新植林的地方，樹與樹中間豎立著桿子，桿子上裝有大漏斗，這是用來收集飄落的孢子所設計的。

大氣中的真菌孢子與呼吸道疾病或症狀有關。不過只要身體健康，免疫力正常，這些孢子都不會造成我們的困擾。室內容易分離到的真菌種類，與戶外分離到的真菌種類，經常不大相同，而是與食品中的一些常見真菌相類似。常見的室內真菌大約有一百多種，經常被分離出的真菌屬，包括鏈隔孢菌屬、麴菌屬、瓶黴菌屬、毛殼菌屬、枝孢菌屬、彎孢菌屬、散囊菌屬、鐮孢菌屬、毛黴菌屬、青黴菌屬、莖點黴菌屬、帚黴菌屬、頂孢黴菌屬、木黴菌屬、細基孢菌屬或齦枝孢菌屬等等[186,187]。這裡讀者一定納悶為何要列那麼多種真菌，而且有些連聽都沒聽過，到底名字有沒有寫錯也沒有人知道，也不一定會有人注意，一定只是為了要占印刷版面，讓這本書看起來更雄偉，搪塞字數而已。其實不然，因為如果漏列了其中一株真菌，研究那一株真菌的研究者就會覺得自己畢生研究的菌種，竟然不值得一提，而感到傷痛欲絕。所以，在這裡要不厭其煩地列出來，而且所有的菌都是重要的，所有的研究者都是令人敬佩的。不過，如果真的太多了，我也只能選擇重要的列出。

住家與學校是學童活動時間最久的兩個場所，所以這些環境的品質，就會與學童健康與學習息息相關。一項臺灣的有趣研究調查，對十二所學校進行空氣品質監測調查顯示：教室內平臍蠕孢屬、枝孢菌屬與內臍蠕孢屬的量，與學生個人成績有顯著相關；自評學習效率與平臍蠕孢屬、突臍孢菌屬、鐮孢菌屬、輪黴菌屬濃度有關；鏈隔孢菌屬、枝孢菌屬、鐮孢菌屬及一氧化氮濃度，與缺席率有顯著正相關。雖然研究結果顯示，教室內的真菌孢子，明顯會影響學童的學習效率及健康狀況[188]，但是有趣的是，這項調查有許多都是植物病害真菌。在臺北市所做的室內真菌調查，有15.4%所收集到的真菌是青黴菌。青黴菌是較常見的室內真菌[189]。

但是，另一項研究也指出，室內真菌的豐富度與否，與室內環境較無相關，而是受到室外真菌種類的影響，與室外的地理環境有關[190]。房屋或是教室周圍有森林覆蓋的話，在涼爽季節時，學校的真菌孢子豐富度會與周圍森林覆蓋量有很強的正相關，但這個狀況在炎熱季

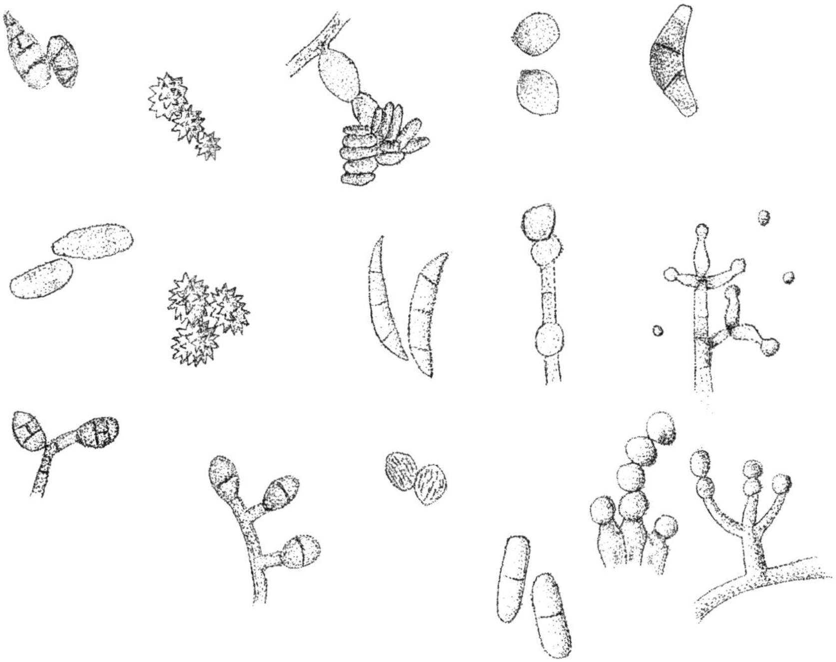

（左至右，由上而下）鏈隔孢菌屬、麴菌屬、瓶黴菌屬、毛殼菌屬、彎孢菌屬、枝孢菌屬、散囊菌屬、鐮孢菌屬、頂孢黴菌屬、木黴菌屬、細基孢菌屬、齣枝孢菌屬、毛黴菌屬、莖點黴菌屬、青黴菌屬以及帚黴菌屬孢子。

節則不然。這也顯示了，在涼爽季節時，正是真菌產生孢子的季節，再加上真菌孢子的擴散受到限制，所以孢子的豐富度提高了。但在炎熱季節中，季風助長長距離的真菌孢子飄散，再加上真菌在炎熱季節產生較少孢子，所以相對的孢子豐富度就會降低。

由上述的有趣研究，讓我想到，如果是空氣中的植物病害真菌居多，會不會也是因為附近的環境所致呢？靠近鄉間地區或是山區？學童的學習差異會不會實際上跟教育資源分配不均比較有關係呢？而不是因為真菌？

在室外的話，二〇〇五至〇六年，臺北地區的真菌孢子，平均濃度為每立方公尺的空氣中約有一千九百三十個孢子，分析後，當中的多數可分辨的菌種有枝孢菌屬、麴菌屬／青黴菌屬及鐮孢菌屬[186]。到了二〇〇六至〇七年，平均濃度降低至每立方公尺的空氣中有一千三百四十個孢子，可分辨的優勢菌種有枝孢菌屬、彎孢菌屬、麴菌屬／青黴菌屬、鐮孢菌屬及鏈隔孢菌屬[187]。到了二〇一〇年的報告指出[189]，真菌孢子平均濃度為每立方公尺一千六百二十八個孢子，可分辨的優勢菌種有枝孢菌屬（分枝孢子菌）及麴菌屬／青黴菌屬。常見真菌的大氣中濃度會有明顯的季節變化，春秋兩季濃度會高一些，因為這個時候正「適合發霉」。這些年來臺北的真菌大氣濃度似乎沒有多大的差異，只是種類似乎變得比較單純。

另外，歐洲空氣中的真菌調查顯示，在整個歐洲，鏈隔孢菌孢子的濃度是每平方公尺空氣有六百六十五個孢子；枝孢菌孢子的濃度是每立方公尺空氣有一萬八千八百二十七個孢子。以二〇〇八年的調查來說，枝孢菌孢子的濃度，最高出現在波蘭西北邊與德國交界的斯塞新，達到每立方公尺空氣有十萬零六千八百九十六個孢子。其次是英國的伍斯特的小雙腔菌孢子，每立方公尺空氣有一萬九千九百六十六個孢子。也許你會覺得瑞士的空氣一定一級棒，但是瑞士的帕耶訥的黑星菌屬孢子濃度，在二〇一三的調查是每立方公尺空氣有九千六百五十七個孢子，孢子濃度非常高[191]。

其實閱讀這些報告的時候，我心裡浮現了一個奇怪的想法，但是這個想法應該大部分人都無法認同。居住在離自然景觀近的地方，環境圍繞著原始森林，一定是很棒的住所，每天都有鳥語，時時能聞到花香，真是人間仙境。反觀擁擠的都市，每天都有汽機車廢氣排放、家家戶戶都大量使用消毒化學品或是每日開啟殺菌設備、街道上的落葉馬上會被移除、樹木枯枝與花草枯葉也常常被修剪、室內冷氣開啟後形成的乾燥環境……比較人間仙境與擁擠城市之後，大家看出端倪了嗎？我們的人間仙境，也是真菌的人間仙境；我們的擁擠城市，對真菌或是其他微生物來說，是不友善生長的地方。所以，會不會其實城市才是人類最安全，不易感染疾病的居住場所呢？當然，密集人口會加速疾病的傳播，尤其是隨風飄散的病毒。

我也是喜歡往野外跑的人，但是只有在身體狀況佳的時候才會這樣做。如果身體狀況不好，森林環繞的小木屋應該不會是一個理想的養病場所。只要想到周圍暴增的孢子濃度，每天都在等著自己的免疫力下降的一天，趁機入侵身體，就覺得還是住在空氣糟糕的城市令人安心一點。

雖然臺北市大氣中真菌濃度調查，不能跟歐洲的室外空氣中真菌濃度直接相比較。但是，也許是因為在歐洲的城市有更多的自然環境圍繞，這些自然環境多為真菌的棲息地，所以到了適當季節，空氣中的真菌孢子濃度就會很高。但有聽過花粉濃度警告，卻鮮少有真菌孢子濃度警告。人類經常會暴露在充滿真菌孢子的環境中，其含量通常是植物花粉的一千倍[192,193]。而暴露在這樣高濃度的孢子當中，我們卻還安然無恙，原因就是，我們的體溫攝氏三十七度是不利於大部分真菌發芽的。真菌孢子會利用產生的保護性疏水蛋白層，來逃過我們免疫系統的追殺，而且不像花粉可以直接引起過敏，真菌孢子必須要發芽，也就是脫去保護性疏水蛋白層，才會引發我們免疫系統的注意。所以，大部分吸入的真菌孢子對於我們的免疫系統來說，其實就是跟灰塵同等級的無害粒子。

還有一個有趣的研究顯示，植物致病菌真菌的孢子濃度，在熱帶雨林的樹冠層與林下層有明顯的不同。孢子在林下層的數量是樹冠層的五十二倍。另外，夜間的真菌孢子數量是白天的五至三十五倍[194]。會有這樣的結果是因為多孢子的地區或時段，都是有利於孢子萌芽以及感染植物的環境條件。

這也讓我想到晚上與清晨運動好嗎？還是我想太多，是灰塵！是灰塵？但是，晚上在森林裡運動的話，絕對不好，不是因為孢子濃度，是因為太暗了，實在太危險了。

食物的逆襲

是否曾經對著剛過期不久的花生醬，內心煎熬著是否該立即丟棄？還是心想應該可以再吃個幾天？答案其實很簡單，而且只有一個，那就是「立即丟棄」。相信熱愛健康生活與重視食品安全的大家，對「黃麴毒素」這個名詞並不陌生，而且也應該知道這個毒素是來自腐敗的食物。

然而，科學家會發現「黃麴毒素」，其實起因是一場又一場的神祕農場動物死亡事件！

謎樣火雞疾病

一九六〇年，英國倫敦近郊的一處火雞養殖農場，發生了十萬隻火雞集體死亡的事件。

當時的農夫以及科學家都被這突如其來的事件所震驚，且苦於尋無致病的原因，因為這樣，這個疾病就被稱為「謎樣火雞疾病」。根據觀察，生病的火雞會出現一些神經症狀，然後休克，最終造成死亡[195]。

然而，在此事件之前，也有其他看似與謎樣火雞疾病不相干的農場動物大量死亡事件，例如，一九三四年美國伊利諾州所發生的馬匹死亡事件，當時有五千頭馬匹死亡[196]。這些事件，在當時都無法確定真正的病因。不過，可以確定的是，馬匹與豬隻都食用了發霉的玉米。

後來，科學家終於在發霉的玉米當中，分離出兩種真菌，一種是紅色青黴，另一種就是黃麴黴。分離出的這兩種真菌，被進一步證實會在穀物當中產生某種毒素，且這種毒素就是家畜誤食發霉玉米後的主要致命原因。

於是，造成謎樣火雞疾病的原因終於水落石出，這一件又一件的農場動物死亡事故，都是因飼料的保存不佳，造成黃麴黴的滋生與汙染所致。

什麼是黃麴黴，什麼又是黃麴毒素？

黃麴黴是一種廣泛分布於全世界各個角落的真菌（真菌大家族裡也包含了各種菇類），

它是普遍存在於土壤中的腐生生物（靠分解吸收死去動植物殘骸的生物），並且會造成一些重要經濟作物的疾病。那些會被感染的植物宿主，有穀物、豆類以及堅果。黃麴黴在作物還在生長時就感染宿主的話，收成的農作就會含有黃麴黴，如果農作物儲藏不當，也很容易發霉（黃麴黴生長），產生致命的黃麴毒素。

黴菌毒素與癌症

黴菌毒素指的是真菌（黴菌）在生長的時候，所產生的有毒二次代謝物，其中黃麴毒素，是目前所知致癌性最強的黴菌毒素。國際癌症研究組織（IARC）已於一九八七年將黃麴毒素認定為一級致癌物，經常出現在受到黴菌汙染的花生、玉米、稻米、小麥及豆類等作物上，可導致動物的肝臟損害，長期食用的話，會累積在體內會有致死的可能，而且不論劑量的高低，其累積效應均會增加罹患癌症的風險。

赭麴毒素是一種具腎臟毒性的黴菌毒素，這種黴菌毒素也具有免疫抑制性以及致癌性，一九九三年國際癌症研究組織將其列為第2B級致癌物（人類可能的致癌物），常發現於受到黴菌汙染的穀物、咖啡、堅果、可可、水果及香辛類食品當中。

不過，話說回來，真菌之所以會產生毒素，其實是要制衡環境中的其他競爭微生物，漸漸演化出的一種生存利器。只是這個生存利器，就在人類進入農耕時代的時候，同時也為人類帶來了新的挑戰。

一場又一場人類與真菌的戰役

在人類開始由狩獵生活進入到農耕時代的時候，人類開始種植農作物，並且將每個種植季節所生產過剩的農作物儲藏起來，留作日後使用，這個時候，不良的儲藏條件就會讓真菌有機可乘。真菌讓食物腐敗，而且進一步產生黴菌毒素，這些毒素就跟隨著農作物進入到人類的食物當中。

人類或是家畜誤食的黴菌毒素，主要來自穀物類食物。黴菌毒素也在人類歷史上早就有記載，只是當時人們並不了解發生的原因，也沒有從科學上驗證出真菌，例如，北非埃及的第十次鼠疫，後來就被認為可能是由黴菌毒素所引起的，而不是真正的鼠疫[197]。記載當中提到，人們打開穀倉，食用儲藏於當中的穀物之後，人與牲畜都相繼死亡。在歐洲，黑麥角菌所汙染的穀物，影響了歐洲有近一千年的歷史[198]。還有，自十七世紀以來在日本已廣為人知，與食用發霉米飯有關的急性心因性腳氣病，就是由於黃暗青黴所產生的黃綠青黴素所致[199]。

即使到了二十世紀，因糧食遭黃麴毒素汙染，而產生的人類急性中毒死亡的事件還是繼續發生，例如一九六七年，新北市雙溪區曾發生造成三人死亡的二十六人的集體中毒事件，後來調查發現與連續食用兩週發霉的米飯有關[200]；一九七四年印度有三百九十七人食用遭黃麴毒素汙染的玉米中毒，其中有一百零六人死亡[201]；二〇〇四年肯亞三百四十一人中毒造成一百二十三人死亡[202]。還不只這樣，全球每年大約會有25%的農作物受到黴菌毒素（含黃麴毒素）的汙染而造成龐大的經濟損失[203]。

大多數人都有食物只要煮熟就沒有問題的觀念，但是面對含有黴菌毒素的食物，真的也是煮過就安全了嗎？

黃麴毒素主要有B1、B2、G1、G2四大種類，具有極高的熱穩定性，必須加熱至攝氏二百八十度以上才會開始分解。攝氏二百八十度是什麼概念呢？我們一般家庭的油炸料理多設定在攝氏一百六十至一百八十度，所以，也就是說，煎、煮、炒、炸都沒辦法破壞黃麴毒素。這實在是一個令人頭痛的特性，即便是煮過的熟食，也不能避免黃麴毒素的殘留。

黃麴毒素最常見於穀物，豆類與堅果（常見於花生）當中，而且吃了含有黃麴毒素（黃麴毒素B1與黃麴毒素B2）穀物的動物，會在體內代謝成黃麴毒素M1與黃麴毒素M2，所以動物所產生的產品也會有毒素的殘留，例如：牛奶與雞蛋。

大家應該還是最關心該如何避免黃麴毒素？雖然說，黃麴毒素經過烹煮也不會被破壞，不過，我們還是可以由一些日常的生活習慣，來避免黃麴毒素。首先，黃麴黴的最適合生長條件，為相對溼度在80%、溫度在攝氏三十至三十八度之間，以及水分含量超過15%。因此穀類、堅果等食物要儲藏在乾燥的地方，才能避免黃麴黴的滋生，而產生黃麴毒素。如果外觀已經有異狀的食物，千萬別食用。還有，總是有人會認為，食物放在冰箱中就可以保鮮，其實是不正確的，冰箱中的食物，如果有過期或是異狀一樣要丟棄，避免食用後中毒。在選擇食物的時候，盡量購買運輸里程短的食物，因為穀物由採收到消費者手中，可能已經過一段時間了。選擇在地食材也有減少碳足跡的好處，如此，在買東西時也可以盡點愛地球的義務。還有一個簡單的方法，就是只購買信譽良好的堅果和堅果醬品牌。為何會這樣說呢？小農不好嗎？其實不是小農不好，是因為品牌大的食品，會有一定的標準檢驗流程，至少對消費者來說，相對是「比較」安全的食品。選擇大品牌還有另外一個因素，就是如果真的很倒楣吃到不好的食材，要找人負責也不會打了電話沒人接聽，或是電話是空號之類的。另外，也要減少食用動物內臟，因為內臟容易有毒素的累積。最後，要讓自己的飲食多樣化，這樣不僅有助於減低黃麴毒素（或其他黴菌毒素）長期累積的風險，還可以改善健康和均衡營養，一舉兩得。

一般人拿到了諾貝爾獎

所有生物體都能夠感知它們的環境，包括外部和內部，主要類別的刺激，有物理性的，例如，光或聲音；也有化學性的，例如各種化學物質；當然也有生物性的，例如同類或非同類生物。當真菌遇到其他真菌的時候，狀況通常很激烈，因為這是攸關生死與地盤的一場戰爭，而且是一場生化戰爭。前面提到的黴菌毒素就是其中一種武器，目的是要阻止其他微生物（也包含真菌）占領了自己的生活空間。戰爭的結果可能是一個物種的菌絲體，取代另一個物種的菌絲體，這是分出勝負的結果，也可能到最後形成僵局，這時候可以看到明顯的停戰線（在培養基上出現明顯的界線）。

養菌的時候，有時會不小心使培養基被環境當中存在的其他菌所汙染。雖然得歸咎於操作不慎而造成汙染，但明明就很已經非常小心操作，可是那些飄浮在空氣中，或是原本在地上被一陣微風颳起的微生物，就這麼巧地鑽進培養基。我通常不會把被汙染的培養基解釋為不小心，根本就是倒楣所造成的。一般來說，看到培養基被汙染了（在不同角落長出型態不同的菌落），第一時間就是將之滅菌後丟棄，很少會等到出現「戰爭結果」（征服或僵局）才丟棄。但我就不是一般人，所以我喜歡將這種汙染的培養基留下，等待戰爭的結果。只是，即便這樣，我也沒拿到諾貝爾獎（而且連夢都不曾夢到過，哀）。

但是，有一個一般人（就是看到培養基汙染，第一時間馬上處理掉的人）卻因為去度假，而忘了把那一盤正在戰爭的培養基給丟棄，然後發現了抗生素，還拿了諾貝爾獎。這人就是佛萊明（Alexamder Fleming），發現了青黴素，造福了人類，大幅減少了戰爭時士兵傷口感染後的死亡率。

所以，度假真很重要。記得在英國的時候，有一次實驗卡關，於是與共同指導的植物系教授有了這樣的對話：

我：「很抱歉這個實驗一直失敗，不過我會日以繼夜努力再努力的。」

說出這句話的時候，我正在等待教授給予感動與佩服的眼神，感覺背後也微微出現犧牲奉獻而帶來的聖光！

不過，教授只是淡淡地說：「去放假吧，丟下所有實驗去放一週假期。」

我驚訝到差點下巴沒掉在地上：「放假？」

教授：「是的，回來後就會迎刃而解，相信我。」

我本來準備迎接「做不出來？就做到死吧，蠢蛋！」這段話的心情頓時失去了依靠，被失落感填充了起來。

後來，放假回來，果然實驗就成功了！

以前，老師告訴我們：「成功是百分之九十九的努力與百分之一的運氣。」但是，其實這句是改編自愛迪生說過的話：「天才是百分之一的靈感與百分之九十九的汗水。」細細品嘗之後發現，休假是為了那個百分之一的靈感，有了靈感，百分之九十九的努力才有意義。

真菌之間的生化戰爭

一面倒的戲碼，其實不比僵局來得引人入勝，因為在自然界，當兩種真菌相遇，多是僵持不下的局面，或是可以稱作「平衡」。這個「平衡」，讓許多會造成木材腐朽的擔子菌，在相同的資源中，共存在複雜而動態的群落當中。這樣的共存，不僅造成物種組成的變化，也決定了木材分解的速率變化。因為每一種真菌，為了要維持這樣的平衡會拚命地分泌酵素，想要阻止別種真菌的擴張，以及其武器（抑制或殺死其他微生物的化學物質），還要一方面應付來自分解木質素產生的有毒酚類。由枯木長出形形色色的菇，看似平靜安詳，實則暗潮洶湧。真菌，很忙的。真菌之間的僵局，可能在病原真菌或有害真菌的生物防治、酵素生產，以及新型抗真菌劑和抗生素的生產中被人類所應用。總而言之，真菌相互作用是一個令人著迷且重要的研究領域。好吧！至少是令研究真菌的人著迷。

不同種真菌的菌絲體與菌絲體物理性接觸後，競爭菌絲體之間，開始了大規模的菌絲體相互作用，相互的拮抗作用機制等級，在競爭者之間直接接觸的區域中提高了。菌絲體可能會出現型態上的變化，例如，菌絲聚集形成屏障，以物理阻擋的方式阻絕入侵者，或是像木黴菌一樣，開始纏繞對方的菌絲，試圖勒斃對手。這個纏繞現象，和我自己觀察到的紅麵包黴有性生殖的時候，跟受精絲會纏繞「那個管」（想知道請回頭參考〈叫阮ㄟ名〉那章）的型態很像，也許是出於類似的機制也說不一定。

菌絲體接觸後，揮發性有機物開始出現量的變化，而且菌絲也開始釋放有毒的二次代謝物，其中就包含了黴菌毒素。活性氧化物質這時候也會在相互作用的區域開始積累。雙方陣營開始互丟化學物，嘗試擊退對方，而被黴菌毒素攻擊的一方，也還以漆氧化酶和過氧化物酶，試圖將對手的毒素與揮發性有機物降解；其他參與解毒的酵素也會在這個過程中增加。說到這個漆氧化酶，我在芬蘭的時候有粗淺涉略，並在二〇一五年發表一篇簡單的基因體分析論文[184]，因為這篇論文，我了解到松樹的致病真菌，異擔子菌基因體當中就有多達十八個可能的漆氧化酶。在進行了系統發育分析和基因表達圖譜分析之後，可以將十八個漆氧化酶基因分為四組。其中八個漆氧化酶基因在歐洲赤松（蘇格蘭冷杉）幼苗中表達有提高。簡單說就是：「有反應！」這些數據顯示這些漆氧化酶，可能參與了異擔子菌感染宿主的早期階段。但是，還有其他十個漆氧化酶基因，具有其他功能。所以，結論就是漆氧化酶各有其特殊功能，在不同狀況下發揮作用，所以針對降解黴菌毒素也有特別的漆氧化酶。也就是在與不同競爭者的對抗中，可能會激發出不同的對抗機制，而菌絲體部署這些機制，並抵抗其競爭者的能力，將決定其在戰鬥中的最終成敗。真是一場生死交關的賭注啊！

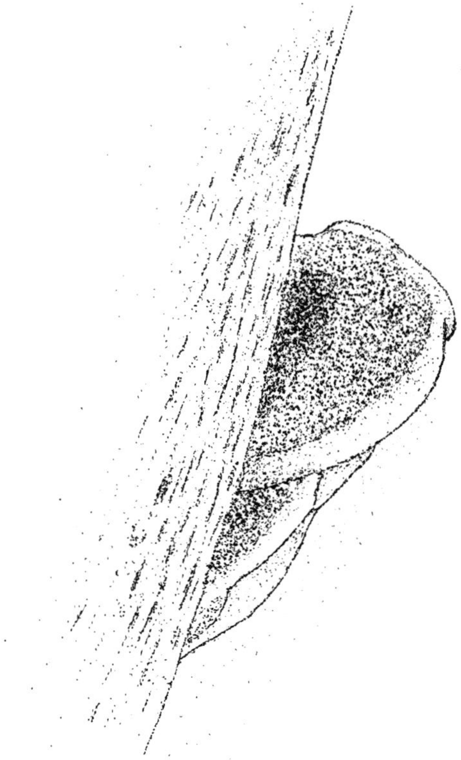

異擔子菌。

辛巴的蟲子大餐

當我看著《獅子王》電影裡，落難的小獅子辛巴跟著狐獴丁滿以及疣豬彭彭，一起生活在美麗的森林當中，然後靠著吃蟲還有唱歌，就能長大成孔武有力的漂亮成獅，其實心中是有些疑問的，更不用說場景設定成溫暖潮溼的熱帶雨林，跟我在探索頻道，常見到在草原生活的獅群很不一樣。會不會其實辛巴是美洲獅呢？還是我對動畫太過認真了？其實我應該要雀躍於辛巴奪回應屬於自己的王國，而不是質疑製作人是不是搞錯什麼了！

那個食用昆蟲的畫面，讓我想起昆蟲外骨骼富含的幾丁質好像不是很好消化，但是真的是這樣嗎？事實上，昆蟲被當作飼料原料，甚至提供人類的食物蛋白質來源，已經不是什麼末日科幻電影情節了。昆蟲的外骨骼所富含的幾丁質，的確是一種含氮難消化的物質，但是，動物只要能分泌幾丁質分解酶，就可以從這些含有幾丁質的食物中獲得營養。讓我們來分析一下這三個吃蟲又跳舞的動物，適不適合蟲蟲大餐？首先是疣豬彭彭。二〇二一年有新研究發現[204]，豬隻從哺乳期十四日齡到五十六日齡，就會由胃組織分泌出幾丁質分解酶，一直到六個月上市都有這能力。所有進到豬胃裡的幾丁質，基本上大部分都會變成小分子，也大多數都會被消化。哺乳類動物會產生兩種類型的幾丁質分解酶：殼三糖苷酶（Chit1）和酸性哺乳類動物幾丁質酶（AMCase）。在豬的實驗上，偵測到的是酸性哺乳類動物幾丁質酶。除了豬以外，小鼠與雞的胃組織也都能分泌酸性幾丁質酶（Chia），而且可以在各自的胃腸道（GIT）中消化幾丁質[205,206,207]。所以疣豬彭彭吃蟲是可以的。

再來就是狐獴丁滿。雖然沒有狐獴的幾丁質分解酶的研究可以討論，但是由其他動物的例子也許可以一窺究竟。螞蟻和白蟻富含能量的碳水化合物與幾丁質，它們是馬來亞穿山甲的主食。穿山甲的胃部就含有多量的酸性哺乳類動物幾丁質酶[208]。狐獴的餐桌上也大部分是昆蟲，所以推測狐獴丁滿吃蟲維生也是可以的。最後就是辛巴。辛巴是獅子，屬於貓科動物，這一類的研究完全沒有，但是在其他肉食動物（狗）的研究上可以知道，肉食動物的胃中，的確也有酸性哺乳類動物幾丁質酶，只是表達的程度明顯低於小鼠、豬和雞（雜食動物）的胃。另外，草食動物（例如：牛）也有相同的狀況，酸性哺乳類動物幾丁質酶的表達也不高。有些草食動物（如兔子和豚鼠）的基因組，甚至不包含功能性的酸性哺乳類動物幾丁質酶基因。雖然沒有找到相關貓科動物對於幾丁質消化的研究論文，不過搜尋貓的基因發現，的確有酸性哺乳類動物幾丁質酶的存在。也許同屬於肉食動物的貓咪跟狗狗，對於幾丁質的消化是比較不好的。當然昆蟲本身就富含蛋白質，所以，辛巴能夠長得頭好壯壯，應該好像也有些道理，只是如果辛巴只單吃蟲，可能會因為太多昆蟲外骨骼中的幾丁質，而引起消化不良的狀況，生長也許會打折扣。因此合理推測，辛巴一定有吃些別的東西或是偷吃肉，只是，是誰的肉呢？就不得而知！這也說明了，狗狗與貓咪還是需要肉類，才能營養均衡，至於幾丁質，可以充當不錯的纖維來源，對腸道應該也不錯。

松露獵人

不是說好了要談菇的嗎？怎麼講起了蟲？沒錯，這樣的疑問也在我邊寫作，邊出現在我的腦子裡，但是，其實我真正想要介紹的，是另一種也富含幾丁質的生物，也就是本書的主角：菇（我踩煞車回來了）。而且重點是要了解哪些動物可以消化幾丁質，而不是哪些動物愛吃蟲。菇類細胞壁中的幾丁質，比起昆蟲外骨骼中所含的幾丁質，在結構上比較鬆散，甚至有些菇類所含的幾丁質量高於昆蟲。但是多數研究論文都認為，動物體內幾丁質酶表現是由於牠們吃昆蟲的關係，是演化壓力下的結果。但是，難道不是食用菇類的關係嗎？在野外架設的隱藏式攝影機就曾拍攝到諸如，野豬、鹿、火雞、松鼠、狐狸、熊、貓甚至臺灣獼猴，都會主動食用野外的菇，而且無論是否具有毒性（對人類而言），動物都照吃不誤。

早期的松露獵人會帶著母豬到森林尋找松露，因為松露可以散發類似公豬的費洛蒙來吸引母豬。只是，在母豬找到松露開始挖掘的時候，松露獵人就必須要接續挖掘，並且阻止母豬吃下松露，不然就不是「獵松露」了，而變成只是單純帶豬到森林散步，變成「遛豬達人」。我想豬會有這種能力，絕非單純只是巧合，也絕非偶然，應該是演化的結果才是。所以，遠古的豬祖先應該是常吃松露，松露也因為豬將之挖掘出土，而得以散播孢子，是互利的結果。

所以獅子王辛巴，從小吃蟲長大的故事是可以成立的，只是可能消化會不太好，要長得如此健壯，並且上演王子復仇的戲碼，奪回被邪惡叔叔強取的王位寶座，那一定也要搭配一些同樣富含蛋白質的菇類來吃才是啊！營養均衡是很重要的。

未來熱門食物

前面有提到，二〇二二年，人口已經突破八十億，不僅對環境是一大壓力，要養活這麼多人更是下一個難題，雖然馴化與改造的農作，屢屢產量突破新高，但是由於耕作面積的限制，很快農作產量也會無法餵飽地球上的人口，我們需要開發具有更高營養特性，以及更少碳足跡的新食品。當然現有的菇類已經提供了一部分我們所需的食物，也讓我們的食物多了一「界」，除了動物界與植物界之外，我們也吃進了真菌界。這裡所指的新食品是絲狀真菌，產生菌絲的真菌會是一個不錯的候選生物。它們除了可以作為替代傳統蛋白質來源的食物之外，培養與加工技術的進步，還可以控制真菌食品的質地、風味和營養特性，讓真菌菌絲變成更具實用價值的新食品。這些新興食品，在後面的〈未來肉〉那個章節，也會進一步描述，但是這裡讓我想到的一個我們常見食品，而且相信也很少人知道這個食品跟真菌會有相關。那就是柴魚：世界上最堅硬的食品！

松露。

柴魚這種可長期保存的食物，早在日本的平安時代就就被記載在《延喜式》當中。作法是將整條鰹魚未經調味直接風乾，以利長期保存。如今的柴魚製作方法則有些改良，魚要先經過燻烤乾燥，目的是殺菌，再經灰綠麴菌的多次發酵，進一步去除水分，一方面也利用黴菌分解蛋白質，釋出更多胺基酸，就成就了硬如柴的柴魚。

菇類是營養均衡的碳水化合物和蛋白質來源，其脂肪含量低，通常在0.1～16.3％之間，是非常健康的食物。這個含量比例差異，其實是因為不同菇類當中，所含有的脂肪酸量會有所不同所致。雖然菇類不是脂質來源的選擇，但它們的脂質成分中，還是含有一些人體必需的脂肪酸，例如，亞油酸、油酸、亞麻酸和omega-6等等，所以有其食用價值。與其他源自動植物的食物相比，菇類具有更高的不飽和脂肪酸含量。衛服部的網站上也建議，食用不飽和脂肪酸可降低心血管疾病（這結果當然是有醫學研究支持的），讓不飽和脂肪酸成了當紅炸子雞。因為菇類這樣的脂肪酸組成，所以讓菇類成為希望降低膽固醇攝取量過高的患者，所尋求的完美蛋白質來源。

不同種類，甚至來自不同產地的菇類，當中所含的不飽和脂肪酸（在一百克總脂肪酸中）百分比差異也很大：亞油酸範圍為0～81.1％，油酸範圍為1.0～60.3％，亞麻酸範圍為

0～28.8%[209]。研究顯示，在大洋洲取得的菇類樣本，脂質含量最高（12.1g/100g），其次是美洲（4.1g/100g）、亞洲（3.8g/100g）、非洲（3.3g/100g）和歐洲（2.6g/100g）。這是個有趣的結果，也呼應了前面提到的一些觀念：菇生活在哪裡，吃什麼長大真的很重要。

給動物的菌絲體

利用可食用的菇類來做固態發酵，讓絲狀真菌的菌絲體轉化農業副資材（農產格外品或是市場葉菜殘留物），成為一個可以作為動物食用的飼料級產品，這些農業副資材可循環再利用到動物身上，提供富含蛋白質和纖維的飼料添加物。這樣的做法是很新的概念，在這個環保意識高漲的年代，值得推廣也會得到認同的做法。在動物飼料中加入絲狀真菌，及其產生的酶可以提高飼料轉換效率，調節腸道功能並改善動物的健康和福祉，這已經是慢慢可以接受的實際做法。菇類和菌絲體可以直接添加到飼料中，以降低動物飼料的總體成本，並作為永續飼料以及蛋白質、脂肪酸、碳水化合物和維生素的營養來源。

菇或是生產菇之後的副產品，在國內已經被開始研究其可增加的經濟價值。在政府研究資訊系統網站當中[210]，可以查詢到的相關研究不少。研究人員利用剩餘的菇基質，調製成青貯料後，發現不僅可以餵給牛吃，還可以降低甲烷（溫室氣體）的排放[211]。金針菇產業的剩餘農業副資材，還可以用來萃取多醣體用作他用[212]。另外，菇也可以被使用在水產養殖上，研究人員利用超微粉或微奈米化技術，將猴頭菇開發成低價之蝦類用免疫賦活物，希望能助蝦類病害之防治，進而降低蝦類養殖病害之發生[213]。杏鮑菇農業副資材還可以用在蛋雞養殖上，希望能讓雞生產低膽固醇的蛋品[214]。也有利用黑木耳及純化黑木耳所含有之葡聚多醣與礦物質等營養成分，作為維持鴨隻健康的飼料原料[215]。

其實除了經濟動物，家中的伴侶動物其實也是可以享用菇菇的，因為菇菇所含的可溶與不可溶纖維不同於植物來源的纖維，對於伴侶動物的腸道來說，是不錯的保健品選擇，只是考慮到可能的消化能力，需要適量。在整理並撰寫這些資料的同時，讓我想到，某一天的早上，我站在一家早餐店的門口，看著早餐店的看板上寫著「嚴選非基因改造黃豆」，看到這個描述，我就安心地走進早餐店買了一罐牛奶。因為根據財政部關稅署統計的資料顯示，我們一年進口的非基因改造黃豆，占全部進口黃豆不到4％（臺灣每年進口黃豆總量大約是九萬多公噸，自產黃豆大約是四千至五千公噸），所以買彩券從來不中獎的我，相信這次也不會那麼幸運地可以喝到非基因改造黃豆所製成的豆漿，所以就買了一罐牛奶。突然跳到豆漿，實在跳得有點太遠，但是，會這樣完全是手在打字，但是腦袋已經想到了作為飼料大宗原料的黃豆所致。

再回到動物飼料上，以往的動物飼料除了酵母菌之外，不會有其他的真菌相關物質被添加進來，飼料組成多是植物性或是動物性，但是越來越多的研究證據顯示，吃菇其實對動物是有益處的，而且是自然界本來就存在的現象，我們只是司法自然，讓因為人類豢養而失去食用菇類選擇的動物，重新獲得飼料多樣性，這在抗生素禁止使用的浪潮下（歐洲已全面禁用促進生長用抗生素），讓動物自身可以抵抗疾病的最佳，也是最有效解方。什麼是促進生長抗生素？這裡有必要說明一下，動物飼料有時會添加一些抗生素，在動物沒有生病的狀況下添加，主要目的是促進動物的生長並預防可能的疾病。也就是「有病治病，無病強身」的概念。但是這樣的做法後來也證實，會造成病菌抗藥性的問題出現，只會讓抗生素的添加量越來越高，是一個惡性循環。

未來肉

英國廣播公司節目「工廠內幕」有一集完整介紹了「真菌肉」（闊恩素肉，Quorn）的工廠製作。那是我第一次見識到這樣的真菌產品。在素食概念興盛的現代，食用菇類在我們餐盤上的比重，只會越來越大。根據政府資訊開放平臺的資料顯示，以臺灣的洋菇與香菇養殖為例，洋菇產量由二〇二〇年的四千五百四十六公噸到了二〇二一年的四千三百零六公噸，有些微的減少。段木香菇在這兩年都維持一百一十九公噸的產量左右。然而，太空包香菇的栽培，由二〇二〇年的四千一百零四公噸增加到二〇二一年的四千五百四十六公噸，產量已經超過洋菇[141]。這兩種菇類的產地分配也有所不同，洋菇主要產地為臺南、南投與彰化。香菇則是集中在臺中與南投地區。只是生產菇類還是有其限制性，需要較大的廠房或是菇舍，所使用的基質主要為木材，而木材需要砍伐森林，回收利用的木材有其他問題還無法讓一般民眾接受。不過，用真菌作為食材的腳步，並不會因為這樣而停歇下來，只是，需要思考如何以不砍伐森林的方式繼續讓我們可以享用真菌帶來的美食。

利用農業副資材，例如傳統市場內廢棄的葉菜；稻田或麥田收割後的稻稈或是麥稈來作為菇的生長基質，也都有不錯的進展，而且以麥稈種植蠔菇的方式，已經進入商業量化生產。或是用水耕的方式來養菇？這的確也有許多人嘗試，理論上可行，但是實際朝商業化量產的操作，還是有許多的問題需要克服，尤其是雜菌汙染。我自己就嘗試過在燒杯裡水耕菇類，一開始菌絲生長漂浮在水面上，然後厚度增加，在那一層厚厚的菌絲體上開始出菇，但是這菇長得不是很快樂，個子也小許多。不過這些都是未來可能減少砍伐森林的種菇方法。

闊恩素肉

有次參加一場研討會，主辦單位安排與會者去參訪臺灣農畜產工業股份有限公司（簡稱：臺畜）在屏東科技園區的廠房。只是因為新冠疫情的關係，我們只能在臺畜的餐廳聽簡報。這場簡報內容豐富，不過真正讓我眼睛一亮的是，臺畜的素肉產品。臺畜發展素肉產品，真的是怎麼聽，怎麼怪，因為臺畜應該鼓勵大家多吃肉，這樣公司業績才能成長不是嗎？然而，即便素肉與臺畜的產品格格不入，但是，這卻是一個世界趨勢，要與時俱進不是嗎？你如果不跟進，但至少也要去了解，不然就等著被淘汰，這道理再簡單不過了。

一般人聽到素肉會直覺反應是來自植物性的材料，例如大豆。一般在素食便當中看到的「肉」，就多是豆類或是蒟蒻製品。但是其實有另外一種素肉，是用真菌菌絲所製成的，而且這一類的產品早已經進到市場了，例如，英國的闊恩素肉就是真菌肉，是利用一種來自鑲片鐮孢菌的真菌蛋白所製作而成的。鑲片鐮孢菌被養在含有葡萄糖，有高聳換氣管的發酵槽當中。生長速度超快的鑲片鐮孢菌，會在發酵槽當中長成，含有44%的蛋白質[216]，相較於肉類，有高纖與低脂的特性。這些菌絲體經過擠壓去除多數水分，再經過蒸煮調味，就能加壓進腸衣做成素香腸，或是製成圓餅狀的素漢堡肉。相對於肉類，是比較健康的選擇，而且生產過程也大大降低了溫室氣體的排放量。

臺灣目前還沒有這樣的真菌素肉產品，但是在可預見的未來，這類產品一定會出現在臺灣，因為聞嗅到商機的廠商，一定會想辦法製作出第一塊臺灣真菌素肉，而且還不一定是用鑲片鐮孢菌！

未來皮革

我對時尚完全沒有什麼概念，也從不知道怎麼去追求時尚，但是，去追日蝕月蝕這些天文景象，我倒是興致勃勃、精神奕奕，我想其他人追時尚的心情，應該就是這樣的感覺吧！但是，用菇類取代動物皮革，一直在我的腦袋裡打轉，而且這在臺灣是全新的概念，即使放眼全世界，這也是很新的做法與想法。

儘管聽起來有些不可思議，但生態時尚的未來，的確會有真菌的一席之地。例如，利用菇類做成的皮革，再進一步做成鞋子或是手提包。因為這些產品是全天然的，所以能完全被生物降解。例如，有一種產品，是利用桑黃的軟木狀表皮所製成的。現在，這些真菌皮革已經不僅止於子實體，也可以是來自菌絲體。藉由控制培養菌絲體以及給予含有纖維素的基質，就可以控制菌絲體的厚度、大小和形狀，進而能生產出一種永續的材料，最終在外觀和耐用性上，類似於動物皮革。

我自己嘗試做過真菌皮革，也有一點點的小成果，不過礙於設備，只能做小塊的皮革，但這過程已經滿足我自己的好奇心了，至少知道真菌皮革代替動物皮革是可行的。不過，一邊看著看似完美的真菌時尚資料，但心裡的那個科學愛批評的理性大師，馬上又冒了出來。把真菌做成貼身衣物，穿上身，聽起來就有點癢，難道不會過敏嗎？可能是我那件被黴菌侵害的外套帶給我的心理陰影吧！（參考〈雕梁畫棟有真菌〉）。

真菌皮革的應用其實還真不少，在二〇二一年一份研究報告就詳細描述，利用真菌皮革來製作電路板。目前，越來越多且又難處理的電子設備廢棄物，已經造成了環境不小的壓力。有錢的國家，將這類垃圾直接輸出給貧窮國家，眼不見為淨，殊不知貧窮國家根本沒有能力處理這些垃圾，反而在將之棄置土地之上或是傾倒入河川。進入河川的這些垃圾，隨著河流進入海洋，因此又「分享」給所有地球人了。所以，真菌皮革製作電路板，如果可以擴大到商業產品，應該對於舒緩環境壓力會有不小的幫助。

這張來自落地生長基質的真菌皮革，從不會限制我們創新應用的飛翔高度。

紡織染料

真菌可以生產乳酸，除了廣泛用於護膚品和口腔衛生產品之外，乳酸最重要的用途之一就是製造聚乳酸，它可以被應用在紡織工業和食品包裝器具當中。米根黴可以利用葡萄糖，或是一種衍生自木質纖維素的木糖來產生乳酸[217]，期望未來可以最終取代傳統的石油衍生聚合物，例如塑膠。另外，真菌在紡織工業中，是重要天然染料的來源。紡織行業是有機顏料和合成染料的最大使用者。大量的染料隨著廢水排出，如果沒有適當處理，就會汙染環境，並且嚴重影響到人們的健康。如果可以用真菌顏料，「也許」是解決這類汙染的好方法。

有研究指出木材腐朽真菌可用於紡織品染色。研究使用羊毛紗線，探討酸鹼度對著色的影響以及媒染劑對真菌染料質量的影響。研究當中，利用不同的染色酸鹼值（三、六和九），結果顯示低酸鹼度（酸）呈現出強烈的顏色，而硫酸鐵媒染劑會加深染上的顏色[218]。當用於製成產品時，通常會有真菌產生的顏料，和染料中存在有毒代謝物的疑慮。但只要正確選擇真菌菌株和後續的毒性測試，就可以確保製作人員的安全環境，以及最終使用者沒有有害物質殘留的疑慮。除了染料，真菌色素的多樣性與廣譜性，甚至也可能應用在食用色素上。

紋身顏料

紐西蘭的毛利人應該是目前唯一利用真菌色素作為紋身的民族。毛利人收集大量的淺棕色羅伯茨線蟲草（毛利語：*āwheto*），然後將之燃燒。燃燒後的羅伯茨線蟲草與草木灰的顏色很不同，不是灰色，而是黑色，黑色是絕佳的紋身顏色。毛利人再將這種黑色的羅伯茨線蟲草磨成粉，加入鳥的脂肪做成紋身的顏料[219]。使用真菌顏料作為紋身之用的歷史，真的是一件迷人的故事。真菌可以產生許多種顏色的色素，這些色素如果不會造成過敏反應，相信不久的將來，真菌紋身顏料一定會問世，至於怎麼會扯那麼遠（好像不是第一次扯遠！），未來肉嘛，刺在人肉上面的圖案也算吧。

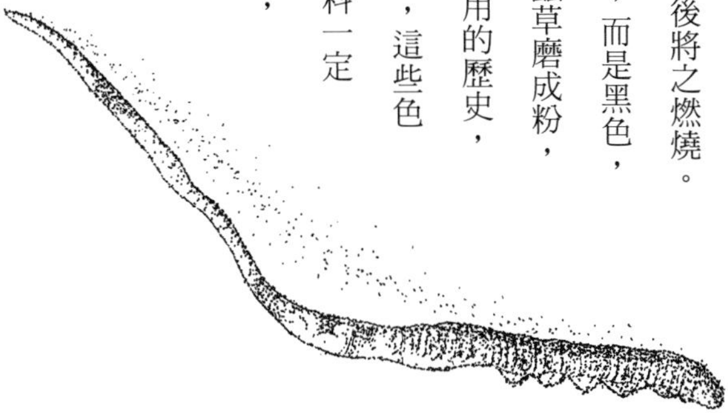

羅伯茨線蟲草。

真菌學系

我在考慮要寫下這個章節的時候，其實內心是徬徨不安的，因為「就憑我？我是哪根蔥」，我又不是大學教授，更不是研究機構的研究員，也不是農政單位的農業高官。我憑什麼提出自己對於至高無上臺灣學術界的看法？就憑我那一紙博士學位證書？還有幾年隨走與翻滾的「旅遊經驗」？其實真的是這樣，我完全不夠資格，這一點我很有自知之明。但是，還好，我在一個可以自由發言的地方，至於別人能不能接受，就不是我所能操控的了。不過，至少我是以歡樂的心情寫下來的，寫的時候臉上是掛著笑容的，而且就單單只是覺得我們應該可以怎麼做，也許會更好一點點。

臺灣有許多厲害的真菌學家，在各大學當中、在研究單位當中、在各政府機關當中以及在民間。我們有動物系，還有更細分的昆蟲系，也有應用的動物科學系。我們也有植物系、應用的植物病理系與農藝系等等，甚至，我們也有微生物學系。但是，我們卻沒有真菌學系，這麼重要的生物、應用這麼廣泛，卻沒有專門的系所，實在很可惜。但因為要成立一個系也不是那麼簡單。在以前，真菌的學科被歸類到植物的範疇當中也有好一段時日了，如果是照這樣的時程來看，現在臺灣沒有「真菌系」也只是剛好而已。不過，國外的確已經有獨立的真菌系出現，也許這是我們可以努力的方向。

有一次到瑞典農業科學大學開會，開會地點就是他們的森林真菌學與植物病理學系，這對我這個鄉巴佬來說真的很新鮮，因為很少見到把真菌學放到系所名稱的，頂多是個實驗室或是部門，較少是個系所。而且裡面的設備與研究單位也沒讓我失望，有全新北歐風格（在地風格）的新蓋大樓，入口大廳的家具擺設，讓我誤以為來到了「宜家家居」，完全擺脫我對真菌研究就該在陰暗潮溼的老舊建築，可能牆壁上還有大片綠色斑點的藻類、蕨類以及真菌與藻類共生的地衣生長著那種刻板印象。當然這樣反射思考的源頭樣本，絕對不是愛丁堡大學國王校區裡的達爾文大樓！真的不是，別瞎猜！還有，森林真菌學與植物病理學系在真菌研究這一塊，真的很厲害，也沒有看見用了四十年，壓縮機還在努力喘息的恆溫培養箱——這真的也不是反射思考自老尼克實驗室裡，那兩臺骨董級恆溫培養箱，而且不是一臺，是兩臺！會不會是因為兩臺比較有伴，所以這麼長壽，也說不一定？老尼克還常沾沾自喜地誇獎這兩臺恆溫培養箱，連裡面的燈泡都有二十年沒換過了。

我只是心想，這家製造恆溫培養箱的公司應該已經倒閉了，原因很簡單，一臺恆溫培養箱用了四十年沒報修過，也沒故障，可能還可以繼續下一個四十年沒問題，那麼公司要賺什麼呢？

臺灣的真菌研究，在新種真菌的發現的確重要；在作為植物致病的機制上，對農業來說非常重要；在真菌二次代謝物可作為藥物或應用的篩選也很重要。除了這些，真菌學系要學什麼呢？

真菌系學什麼？

二〇二二年，我很努力地寫了一份研究計畫，在報告答辯的時候，審查委員對於我在發酵裡的設定溫度有些意見。

「為什麼是用25℃？」審查委員問

「因為參考了相關的論文，決定設定25℃作為開始溫度。」我答。

「你知道實驗室條件與放大條件會不同嗎？」審查委員繼續問。

「這個我們當然了解，所以參考了論文，以25℃作為開始溫度。」我答。

「你們應該要自己嘗試各種不同的溫度，直到找到真正適合的溫度才是。」審查委員繼續評論。

「這個我們當然了解，所以參考了論文，以25℃作為開始溫度。」我答。

其實一切都是我的錯，因為我沒有清楚寫上，我們要測試20℃、21° C、22℃、23℃、24℃、25℃、26℃、27℃、28℃、29℃、30℃……所以讓審查委員誤認為我是想要偷懶，所以只做一個溫度。然而會提到這件事，我一直以為科學必須建立在其他科學的經驗往前進步才是，所以文獻的檢討會讓研究事半功倍。如果，每一件研究（除非是非常新穎的研究，找不到參考的文獻）都要重頭開始自己嘗試，那科學的進展必定非常緩慢。

雖然我們國內也有許多厲害的真菌研究學者，但是因為沒有專門的學系，所以我就不雞婆贅述了。國外有真菌學系，那他們的真菌系在學什麼？不是因為國外的月亮比較圓，而是，人家都有月亮了，我們要夢一下月亮，也該參考一下吧！

成立於一九四二年的斯洛伐克科學院，是該國主要的基礎研究機構。當中，隸屬於森林生態研究所的植物病理與真菌學系，主要真菌研究都與森林有關，例如森林真菌病害、生物控制、真菌學與植物保護等等。

一九四七年成立的保加利亞科學院史蒂芬安傑洛夫微生物研究所，當中的真菌系主要研究絲狀真菌的分子與細胞層面的基礎研究。

成立於一九九九年的波蘭瓦爾米亞與馬祖里大學，其中的真菌系是二〇〇四年成立，在波蘭真菌學領域占有重要地位。主要研究重點為，影響真菌多樣性與分布的生物和生態因素，例如，水體潛在致病真菌及其在生物指標上的應用；學校環境中潛在致病真菌的循環。另外，真菌和地衣對天然植物群落的危害也是研究的重點，例如地衣學研究與都市環境中的植物病害。另外，波蘭還有另一間大學有真菌相關科系，瑪麗亞·斯克沃多夫斯卡·居里大學的植物、真菌與生態學系。成立於二〇一九年的該系，研究主題有真菌分類，真菌與其他生物與環境的交互作用。

另外還有成立於一九一八年，俄羅斯的莫斯科州立大學的真菌與藻類學系、拿勒斯印度大學有真菌與植物病理系、亞塞拜然國家科學院的真菌系、德國法蘭克福大學真菌系。

整理下來，國外真菌相關科系的研究以植物病害為主，無可厚非，因為真菌就是植物病害的大宗，還有就是跟環境與生態相關議題，再來就是分子生物學與生理學。其實這些國內有都有相關的研究人才，只是沒有整合成一個科系而已。我們認定前往留學大宗的國家（美國、英國與日本），似乎也並沒有將真菌學科的資源與人員集結整合成科系的現象（也許有，只是沒認真找？）其實不難理解這個現象。因為這些主流國家中的真菌研究學者都是一方之霸，自己的實驗室或是研究群所擁有的資源，早就遠遠超過一個學系，又何必多費心思促進一個學系的出現呢？還要分資源出去？這樣不好玩！

我們自己的月亮

行政院農業委員會農試所內的植物病理組，裡面有最接近農民的一群研究真菌的學者，臺灣的菇類養殖歷史就是他們默默寫下的（參考〈養活一代臺灣人〉）。被稱為臺灣洋菇之父的胡開仁先生，就是農試所的前輩，他由河南大學畢業後，於一九八四年加入了臺灣的農試所，直到一九八六年退休，一生致力於棉花、甘薯、西瓜等病蟲害研究，以及食用菇的生產、改進研究。胡開仁先生將洋菇引進臺灣，並試驗成功，也才有了之後的洋菇外銷榮景。他的臺灣洋菇之父稱號，我想不會有任何人有疑義的。一九五三年，胡開仁先生為響應政府的經濟建設，改善農民生活，於是開始著手於洋菇研究，自費從美國引進洋菇，菌種培植，直至試驗成功獲得政府重視及補助，得以進行深入研究及全面推廣，使臺灣從不生產洋菇，進步到世界外銷最多的國家，為臺灣帶來大量外匯。一九七六年，胡開仁研究員也獲頒行政院傑出科技人才獎。

現在，除了農試所，我們有在各大學裡的真菌專業教授，這些教授們也各個身懷絕技，可以說是真正的真菌專家。另外還有常進出山林拍攝，歸納真菌物種的專家，這些是我們自己的月亮，閃亮的程度也不輸國外。我也很興奮可以在圖書館找到我們自己的菇類圖鑑，還有很棒的屬於真菌的翻譯書籍，這些令人興奮的資源，代表我們慢慢重視真菌這個物種，出版商看見了真菌的趣味性，引進翻譯將有趣的科普介紹給一般民眾。研究學者不再只是躲起來研究，願意分享並不厭其煩地介紹研究，給即便沒有生物背景的民眾，只要你有求知的熱忱，就能學習到這些新知識。還有，中研院每年開放民眾參觀，介紹研究成果的活動真的很棒。那是一場面對面、活生生的科普教學，而且是臺灣最厲害的研究單位所舉辦，走進去參觀研究成果，會感動地覺得自己也變得厲害了，闖關拿到的小禮品，更覺得像是榮譽的獎盃一般。科學不再離自己很遠，科學就在生活的周遭，科學就是你跟我會做的事情。

根據統計，農作物的病害有70～80％是由真菌類，以及類真菌類的致病菌所造成的[220]，歷史上也記載著，因為農作物病害，而引發的人類饑荒，導致人類與動物的健康問題，以及生態系統的破壞。如果依照這樣的比例來說，我們現有的真菌人才其實還是不足，例如，臺灣大學植物病理學系，目前現有具備真菌專業的專任教師比例是63％，中興大學植物病理學系的比例則是46％。而且除了疾病之外，真菌在各個科系的影響也非常巨大，例如，動物科學上的營養、作物土壤的應用以及森林樹木的疾病等等，這些都是需要專業的真菌人才來作為協助與研究。

以上內容不是出自於「大頭」或是「山頭」之手，應該也沒有什麼人會理會，再加上不是什麼政府補助幾千萬的調查白皮書，更不會有人看。不過也因為這是一本輕鬆的書，講的是一個在真菌研究康莊大道上，不遵守交通規則的程咬金所經歷有點好笑又帶點淡淡憂傷的記憶。所以，可以用輕鬆的心，來思考真菌這個嚴肅的研究議題。如果你已經看到這一頁，表示我已經達成傳遞想法的目的了。這又讓我想起，二十年前碩士班口試時聽到的一個趣事，現在也無法查證是否屬實，只是依稀記得破碎的內容。故事是這樣的，在某個國家的某個科系，有一個即將畢業的碩士班口試學生，帶了一瓶高價的頂級威士忌，擺在桌上。待口試委員都到齊的時候，學生開口說：「各位老師，如果可以說出我論文中，第五章最後一段文字寫的是什麼，就可以帶走這一瓶要價不菲的酒。」口試委員於是開始翻動論文。結果，沒有一個口試委員在口試前看過這一本論文。我真心覺得，這個故事不是真的，一定是某個沒念過碩士的人所杜撰的，因為，怎麼可能會有還沒開瓶的酒擺在口試桌上？沒有三牲就算了，一定還會有水果與餅乾才是啊。

後記

這是這本書的最後了，我想要呼應一下導言的最後那一句：「因為我想了解它。」這是我一股腦闖進這個驚奇第五王國，開始時的一個強烈信念。我就這樣跌跌撞撞，好像尋獲了寶物卻又自覺等級不高，而且渺小愚蠢如我，打滾了這些年來，還是深深覺得不了解「它」，似乎越深入研究「它」，反而懂得越少。雖然選擇了真菌作為職志的研究題材，也一直在研究路上將真菌視為唯一的研究對象，但因為總是覺得「還不懂它」，所以對於自己被稱為真菌學家或是真菌專家的當下，個人感觸良深，實在覺得羞愧且不配這個稱謂。對比之下，那些賣藥的江湖術士，到底哪來的自信可以將手裡的任何東西，不論是一根鹿角或是一片龜殼都說成驚世天藥，而感到佩服不已。

一開始那個「因為我想了解它」的念頭，帶領著戶頭僅剩五萬臺幣的我，硬著頭皮借錢、向銀行貸款再加上卑微的英國海外學生獎學金，就這樣丟出申請信，一路到了英國。一直到現在那個信念從沒有削減過，我於是開始思考，我要用什麼樣的方式，而且是自己辦得到的方式，來傳遞這個信念給其他的人。記得有一次參加英國真菌學會所舉辦的研討會，大會有準備一些資料，其中一個專門設計給中小學生的真菌小手冊讓我很驚豔。小手冊裡面設計了許多會引起中小學生興趣的內容，有認識真菌的、有野外採集的、有生活應用的，更有趣味性十足的。翻閱著這一本小冊子，我開始幻想，如果有一天我也可以主導或是協助在臺灣出版這樣一本寓教於樂的真菌書，讓中小學生可以喜歡生物學也會喜歡真菌這個角落生物。幻想沒有占據我太多的時間，我很快地從白日夢裡醒來，然後在研討會的簽到簿上簽上名字，領了自己的開會資料與名牌，進到研討會會場接受最新研究大量資訊的轟炸。被轟炸到有點微醺之後，在我的腦袋裡，那本小冊子早就沉沒在中場休息的紅白酒當中了。

即使這樣，不知道是不是酒精的作用，那本小冊子還是勾起了我記憶中的一個美麗真菌童話故事。靠著記憶所改寫的故事如下：

> 在夏末的午夜裡，月光被烏雲遮蔽。此時，原本在森林裡的小仙女們紛紛來到花

園的草地上跳舞，足跡所到之處，長出各式各樣五彩繽紛的蕈，構成一個一個同心圓的「環」。在英國，這些蕈形成的環被稱為「仙女環」，在芬蘭，它們被稱為「巫婆環」。這些「環」會在一夜之間從草地上冒出來，隔一兩天之後又完全消失。因為這樣，這些環給了人們最神祕的感覺，也許這些「環」是擁有魔法的仙女或是巫婆在草地上施的魔法，當太陽再度升起，陽光解除了魔法，構成「環」的蕈也就消失了。

但是，也許是紅白酒給我的魔力，這個故事有了更奇幻的版本：

青草地的夜，比晝精采很多。在夜裡，由海邊的森林裡面熱熱鬧鬧來了一票人。他們是森林的小主人，在烏雲遮住了月光的夜裡開始活躍了起來。它們是一群閒來沒事幹的小仙子，每天晚上當太陽公公下班的時後，就會扛著一箱一箱的啤酒來到青草地上開趴踢，好慶祝涼爽的夜。這一夜，這些小仙子玩得特別忘情，在草地上手舞足蹈，喝花蜜釀的精神之水還有露水釀的啤酒，嗑臭臭的迷幻蘑菇。越是到深夜，氣氛越是高漲，烏雲漸漸散去，月亮姊姊由烏雲背後露出臉來。在皎潔的月光下，有些小仙子已經不勝酒力。在酒精的催化下，喝醉的小仙子把酒給打翻了，暈頭轉向的小仙子開始在草地上胡亂吶喊與嘔吐。小仙子們昨夜倒在地上的酒與酒醉後的嘔吐物，滋養了蟄伏在地下的真菌，它們開始爆長，開始侵蝕草地，就這樣趁著這有神奇魔力與養分的小仙子嘔吐物，開始長出草地。這些真菌就順著昨夜小仙子們圍起來跳舞的圓圈圈生長，然後迅速地長出一顆顆的菇頭，冒出草地。

我不僅僅迷上了真菌，就連跟真菌有關的文學都讓我神往，所以我試圖以非科普的方式寫出一頁又一頁的文章。當然是在這一本科普書之後寫的。我想引起大家對真菌的興趣，但我不希望看起來像個怪咖，搞不好睡覺的時候還要口含香菇，家裡到處發霉還自得其樂之類的。

有一次跟赫爾辛基大學的同事一同搭乘學校的公務麵包車，驅車前往接近芬蘭中部的一處森林採樣，那次是剛到芬蘭，有生以來旅行最接近北極圈的一次。對我來說，北極圈有著奇怪的吸引力，上一次前往北半球最北的時候，是去蘇格蘭北部的奧克尼群島，那個當地人描述「一年中有九個月的冬天，然後有三個月壞天氣」的島。聽到這裡我跟著當地人一起笑了起來，然後心想：「我是來到了什麼鬼地方啊。」那一趟旅程實在很艱辛，但卻回憶滿滿。一群窮學生租了一輛麵包車，就這樣出發前往一個有著著名威士忌酒廠的島。車上我們帶上了泡麵、義大利麵、麵包、便宜的義大利麵醬料，以及最重要的留學生必備烹飪神器：大同電鍋。還好最後有參觀了威士忌酒廠的行程，這威士忌行程一掃到「鬼地方」旅遊的陰霾，以及用大同電鍋煮義大利麵的噩夢。

後來，在芬蘭的那幾年，年年突破北部疆域，一共衝刺了北極圈三至四次。還有一次更直接到北極圈找聖誕老公公，前往住在聖誕老公公村裡的真人聖誕老公公，也一起合影了一張要價五十歐元的照片。我還趁機偷摸了他的鬍子，確認是真的。只是，卻忘了把小時候對他的疑問一次問完，只是笑笑地跟他合影握了手。再回到那一趟芬蘭的採樣之旅，我身邊坐著一位來自奈及利亞的學生。這位學生沉默寡言，不善攀談。我想這樣也不是辦法，如果一路上都這樣沒有交談真的會很尷尬。於是我就先開口了。因為要去採菇，所以我就講了那個說一百遍都會令人會心一笑的一千零一篇笑話。我告訴那個學生，在英國的時候參加採菇活動，然後老師跟我們說，「所有的菇都能吃」。說到這裡，我故意停頓一下，那個學生睜大眼睛看著我，露出「怎麼可能所有的菇都能吃」的驚訝表情，然後我接著說：「但是有些一生只能吃一次！」結果，那個學生笑到超級誇張，然後一路上他的說話開關像是被打開了，一直說、一直說，反而是我變得沉默寡言了。

經過那一次，我更謹慎小心笑話可能會帶來的副作用。

其實每一次的採集之旅，都有許多的新鮮事會發生，而且常常是在人身上，例如，有一次在英國參加野外真菌採集的時候，找到了一顆臭角菌的「蛋」。臭角菌屬於鬼筆科的真菌，其獨特的形狀與氣味很容易識別。臭角菌開始生長產生子實體的初期，顏色白皙，球形的外觀，看起來就像一顆「蛋」。然後一根菌柄會從爆裂的「蛋殼」中生長出來，並在短短幾個小時內伸展開來。同事拿著那顆「蛋」，用小刀把「蛋」剖成一半，裡面是準備冒出頭的子實體，子實體周圍包覆著一層厚厚的透明膠狀物。同事指著那個膠狀物對我說，這是很棒的保溼材料，用在化妝品應該不錯，然後挖了一坨往臉頰上就塗了下去。同事怡然自得又順暢地做著這件事，我則是睜大眼睛看著這一切事件的發生過程，心想，「會不會過敏？感覺塗上去應該臉會很癢。」但是我的臉上還是露出了笑容，然後講出與心裡完全不同的話：「看起來很棒。」

大家應該都還不陌生，這一本書開始以及內文常常提到的老尼克。其實，會有這一本書也是因為他的啟發，他讓我認識到做研究可以有的不同態度，該嚴肅的時候嚴肅，該輕鬆的時候輕鬆也無妨，研究是要以人為本的，是人做了研究，而不是研究被人做。主角是人，不是研究計畫，更不是研究經費。我知道很多人不會認同，因為大多數的研究者會覺得，沒有研究經費的話，一切都只是一場夢而已。也許是這樣沒錯，那主角是人的部分就只能慢慢體會了，也許一輩子也無法體會，而且不體會一樣還是會一路順遂的。

老尼克，這個老好人，在新冠肺炎疫情期間去世了。聽聞這個消息真的非常震驚，又礙於疫情，老尼克的家人沒有舉辦公開的喪禮，所以即便想，也沒有辦法到英國去跟他告別，不過老尼克的熱心同事，請大家寫下最後想跟他說的話，會彙整成冊轉交給家屬。得知這個消息的我，腦袋裡只有一片空白。一句話也寫不出來。之後的一年，我努力反芻以前的依稀記憶，最後決定，用一本書來紀念老尼克。在寫這本書的當下，我回頭去整理了許久未登入的「研究之門」（ResearchGate）網站上的帳號，這是一個被戲稱爲「科學研究的臉書」的網路社群。在許多未讀訊息當中，有一封訊息是那個與我研究題目相似的巴黎大學教授，在寄電子郵件給我之前，除了聯絡以前的同事之外，也先在「研究之門」上找到我，然後留了訊息給我。當中有提到，就在老尼克過世的前一、兩年（二〇一九至二〇年），他與老尼克一起撰寫、修正與討論那篇紅麵包黴有性生殖的論文。老尼克把我的名字放在第二作者，也因此必須找到我，徵得我的同意才能讓論文發表。看到這裡，真是百感交集。

那個青春無敵的五萬少年，剛到英國的時候，一次的研討會上，看見一本正要競標的二手書，是已經絕版，由日本學者清水大典在一九九四年所出版的著作《原色冬蟲夏草圖鑑》。這是一本我夢寐以求的書，沒想到此時此刻就躺在研討會的競標區。一方面覺得驚喜萬分，終於見到這本書的真面目，於是趕緊很用力又很認真地翻閱，盡情享受且沉溺在那片刻的夢境當中；另一方面，一段擔憂浮上心頭：我這個全身上下只剩下青春無敵，口袋卻空空的窮學生，要拿什麼跟別人競標這本書？那時，就在競標攤位上，巧遇老尼克，隨口跟他說：「這本書實在太棒了，以前就夢想要找到這本書，現在終於見到了。」老尼克於是也翻了翻書，沒有說什麼，只是對我笑了笑。競標開始的時候，沒想到老尼克就把這本書給標了下來，然後將它送給我。當下的心情真的難以言喻，如果不是人太多，我一定感動到痛哭流涕。這本書，就這樣一直跟著我四處流浪，我也把這本書當作寶物一樣收藏著，偶爾會翻閱一下，曬曬書。於是這一段小故事，我一直銘記在心。也深深體會，一個小動作就可以讓人體會一個人的偉大。平時風趣，快語如珠，反應快速，常常讓人手足無措的老尼克，沒想到離開的時候，一樣也是讓人手足無措。連再相聚喝杯啤酒，互相揶揄一番的機會也沒有留給我。雖然老尼克當初建議的「有性管」一直沒發表，但是，之後我在紅麵包黴的研究上也做出了一些微薄的貢獻——二〇一四年我發表了一篇論文[221]，打破了紅麵包黴是腐生生物（不是動植物致病菌，不會造成動植物疾病）的百年教條。

二〇一二年，我在芬蘭研究異擔子菌對松樹感染之後的基因表現，當時就使用了紅麵包黴作為控制組，原因就是紅麵包黴不是植物致病菌。但是，幾次的實驗下來，與紅麵包黴共同培養的蘇格蘭杉樹小苗，死傷程度卻不亞於真正的致病菌：異擔子菌。經過數次的實驗，以及與同事仔細討論後，我們決定改變實驗的方向，轉而研究紅麵包黴可能導致蘇格蘭杉樹小苗死亡的機制。結果顯示，紅麵包黴遇到自然宿主的時候，會與宿主形成共生的狀況，但是當宿主（植物）的抵抗力下降時，紅麵包黴就會轉變成致病菌，造成蘇格蘭杉樹小苗生病甚至對幼小樹苗有致命的感染。這也解釋了，為何不太常見到野外的紅麵包黴，但是森林大火過後就出現在燒焦的樹上。因為，可能紅麵包黴早就與樹共生，樹死亡後紅麵包黴就加速生長。

我們將論文稿件給了一位美國的紅麵包黴專家，希望他能夠給我們一些看法。這位專家興奮地表示這是非常有趣的觀察。然後我們信心滿滿的（就跟所有捧著熱騰騰研究論文要投稿的辛苦研究人員一樣）將這一篇論文投稿出去。但是，這一篇論文就像受到詛咒一般，被多個期刊退稿又退稿，可能因為內容實在太驚悚了，令人無法置信。最讓我們精疲力竭的是投稿到美國國家科學院刊的時候，收到了八個審稿人的意見，洋洋灑灑十三張A4的內容（單行間距，11號字）。即便很努力地回答所有問題，來來回回答覆超過三個月時間，最後還是被該期刊給拒絕於門外。不過，最後，皇天不負苦心人，這篇論文還是有順利發表（在其他期刊），而且還被美國國家科學院刊的論文引用。如果你是研究人員，一定對以上的描述有身歷其境的感覺，我知道你眼角已經泛出淚來，別氣餒，擦乾眼淚繼續加油，因為要留一些眼淚給下一篇投稿論文使用。

再寫下去可能要沒完沒了了，就在這裡打住吧。最後，在我的自告奮勇之下，依照我所經歷過與真菌有關的時間與地點，帶領各位走一趟我所「見識」過的一小段真菌旅程，希望走進這本書的各位讀者有學到東西，那麼這趟旅程就不會只是打打鬧鬧，上車（打開書本？）睡覺，下車（闔上書本？）尿尿之後，就將內容忘得一乾二淨了。也希望，下次有人向你問起「植物類真菌」或是「真菌類植物」的時候，你不會猛點頭同意這樣的描述，而且還無意識地說出：「是的，消茄這樣說過！」那我就只好再寫一本更混亂、更無厘頭的真菌書來再一次苦口婆心地提醒你。

這個世界上的八十億人，可以被分成兩類：一類是喜歡真菌的人，另一類是不喜歡真菌的人。有時候做這樣的描述都會讓我覺得自己很白痴，乍聽之下好像也沒有什麼不對，而且可以說是幾近無懈可擊的一句描述，但是，仔細推敲，就會發現是一句廢話。就像：「面對一個岔路，你不是向右走，就是向左走。」這真的是一句廢話，當然是這樣。話說回來，引用一下這樣的廢言描述，我自己是真菌愛好者（喜歡真菌的人），也研究真菌，所以我一定會跟你說，未來是屬於真菌的！我相信，研究細菌的研究人員也會說未來是細菌的。會這樣描述很正常，但總要拿出些證據佐證一下自己的論述，而且還要說服非真菌愛好者（不喜歡真菌的人）相信。很鄭重地跟各位讀者說，未來真的是真菌的，真菌也是我們的未來，這一點我是深信不疑的，不然你可以去問愛菇的那一群人！

最後，我用了一張真正的香菇點點圖作為結尾，只是想提醒即將看完這本書的你，是否已經了解到不是所有的菇都叫做香菇，而香菇確實指的是一種特定的菇。

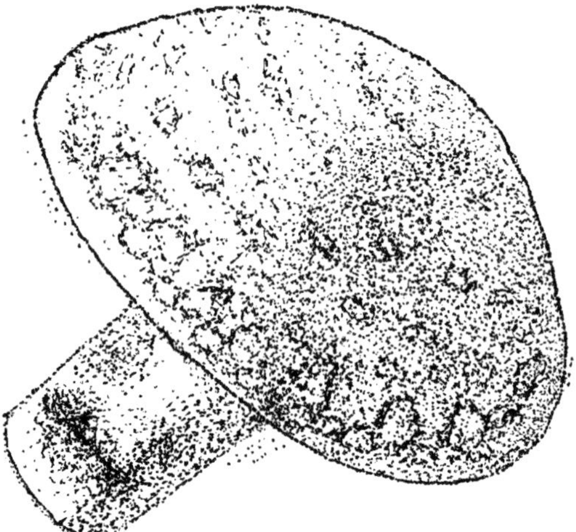

香菇。

參考文獻

1 Perkins DD. 1991. The first published scientific study of Neurospora, including a description of photoinduction of carotenoids. Fungal Genet Rep 38, Article 12.

2 Roche *et al.* 2014. *Neurospora crassa*: looking back and looking forward at a model microbe. Am J Bot 101, 2022–2035.

3 張洋培。2006。英國的官方國家認同——早期「帝國主義認同」之發軔與建構。臺灣國際研究季刊，第2卷，第3期，頁141–161.

4 Davis RH & Perkins DD. 2002. Timeline: *Neurospora*: a model of model microbes. Nat Rev Genet 3, 397–403.

5 Bistis GN. 1981. Chemotropic interactions between trichogynes and conidia of opposite mating-type in *Neurospora crassa*. Mycologia 73, 959–975.

6 Schmit JC & Brody S. 1976. Biochemical genetics of *Neurospora crassa* conidial germination. Bacteriol Rev 40, 1–41.

7 Horowitz NH. 1991. Fifty years ago: the *Neurospora* revolution. Genetics 127, 631–635.

8 Galagan *et al.* 2003. The genome sequence of the filamentous fungus *Neurospora crassa*. Nature 422, 859-868.

9 Brun *et al.* 2021. Courtship ritual of male and female nuclei during fertilization in *Neurospora crassa*. Microbiol Spectr 9:e0033521.

10 Maggioni *et al.* 2010. Origin and domestication of cole crops （*Brassica oleracea* L.）: linguistic and literary considerations. Econ Bot 64, 109–123.

11 Gibbons *et al.* 2012. The evolutionary imprint of domestication on genome variation and function of the filamentous fungus *Aspergillus oryzae*. Curr Biol 22, 1403–1409.

12 Machida *et al.* 2008. Genomics of *Aspergillus oryzae*: learning from the history of koji mold and exploration of its future. DNA Res 15, 173–183.

13 Rodríguez LE. 2010. Origins and evolution of cultivated potato. A review. Agronomía Colombiana 28, 9–17.

14 Pennisi E. 2022. Foodmaking microbes bear marks of domestication. Science 377, 6601.

15 Dumas *et al.* 2020. Independent domestication events in the blue-cheese fungus *Penicillium roqueforti.* Mol Ecol 29, 2639–2660.

16 Eckardt NA. 2010. Evolution of Domesticated Bread Wheat. Plant Cell 22, 993.

17 Stukenbrock et al. 2007. Origin and domestication of the fungal wheat pathogen *Mycosphaerella graminicola* via sympatric speciation. Mol Biol Evol 24, 398–411.

18 van de Peppel *et al.* 2021. Ancestral predisposition toward a domesticated lifestyle in the termite-cultivated fungus *Termitomyces*. Curr Biol 31, 4413–4421.

19 Visser *et al.* 2011. *Pseudoxylaria* as stowaway of the fungus-growing termite nest: interaction asymmetry between *Pseudoxylaria*, *Termitomyces* and free-living relatives. Fungal Ecol 4, 322–332.

20 Shapiro et al. 2013. Genomic diversity and evolution of the head crest in the rock pigeon. Science 339, 1063–1067.

21 Peris *et al.* 2022. Large-scale fungal strain sequencing unravels the molecular diversity in mating loci maintained by long-term balancing selection. PLoS Genet 18, e1010097.

22 Plaumann et al. 2018. A dispensable chromosome is required for virulence in the hemibiotrophic plant pathogen *Colletotrichum higginsianum*. Front Microbiol 9,1005.

23 Moore D. 1991. Perception and response to gravity in higher fungi-a critical appraisal. New Phytol 117, 3–23.

24 Gruen HE. 1991. Effects of grafting on stipe elongation and pileus expansion in the mushroom *Flammulina velutipes*. Mycologia 83, 480–491.

25 Kern et al. 1997. *Flammulina* as a model system for fungal graviresponses. Planta 203, S23–S32.

26 Kern VD & Hock B. 1993. Gravitropism of fungi-experiment in space. Proceedings 5th Eur. Symp. On 'Life Sceinces Research in Space': Arcachon, France, 26 Sept-1st Oct.

27 Moore D. 1996. Graviresponses in fungi. Adv Space Res 17, 73–82.

28 Moore *et al.* 1996. Gravimorphogenesis in agarics. Mycol Res 100, 257–273.

29 Monzer J. 1996. Cellular graviperception in the basidiomycete *Flammulina velutipes*-can the nuclei serve as fungal statoliths? Eur J Cell Biol 71, 216–220.

30 Monzer J. 1995. Actin filaments are involved in cellular graviperception of the basidiomycete *Flammulina velutipes*. Eur J Cell Biol 66, 151–156.

31 Kern VD. 1999. Gravitropism of Basidiomycetous fungi on Earth and in microgravity. Adv Space Res 24, 697–706.

32 Buller AHR. 1905. The reactions of the fruit-bodies of *Lentinus lepidus*, Fr., to external stimuli. Annuls Bot 19, 427.

33 Kasatkina *et al.* 1980. Development of higher fungi under weightlessness, Lif Sci Space Res 18, 205.

34 Kher *et al.* 1992. Kinetics and mechanics of stem gravitropism in *Coprinus cinereus*. Mycol Res 96, 8–17.

35 Berns MW. 2020. Laser scissors and tweezers to study chromosomes: a review. Front Bioeng Biotechnol 8, 721.

36 Quoteproverbs（https://quoteproverbs.com/mushrooms/）

37 Hurley et al. 2014. Analysis of clock-regulated genes in *Neurospora* reveals widespread posttranscriptional control of metabolic potential. PNAS 111, 16995–17002.

38 Buhr ED & Takahashi JS. 2013. Molecular components of the mammalian circadian clock. Handb Exp Pharmacol 217, 3–27.

39 Sheldrake M. 2020. Entangled life: How fungi make our worlds, change our minds & shape our futures. Random House. England.

40 Schlanger Z. 2021. The Web of Mind Throughout Our Earth. Riot Material（https://www.riotmaterial.com/webbing-mind-throughout-earth/）

41 Page RM. 1962. Light and the asexual reproduction of *Pilobolus*. Science 138, 1238–1245.

42 Yu Z & Fischer R. 2019. Light sensing and responses in fungi. Nat Rev Microbiol 17, 25-36.

43 Röhrig *et al.* 2013 Light inhibits spore germination through phytochrome in *Aspergillus nidulans*. Curr Genet 59, 55–62.

44 Wang Z. *et al.* 2017. Light sensing by opsins and fungal ecology: NOP-1 modulates entry into sexual reproduction in response to environmental cues. Mol Ecol 27, 216–232.

45 1929 October 26, The Saturday Evening Post, What Life Means to Einstein: An Interview by George Sylvester Viereck, Start Page 17, Quote Page 117, Column 1, Saturday Evening Post Society, Indianapolis, Indiana.

46 Laraba *et al.* 2020. Pseudoflowers produced by *Fusarium xyrophilum* on yellow-eyed grass（Xyris spp.）in Guyana: A

novel floral mimicry system? Fungal Genet Biol 144, 103466.
47 McArt *et al*. 2016. Floral scent mimicry and vector-pathogen associations in a pseudoflower-inducing plant pathogen system. PLoS ONE 11, e0165761.
48 Batra LR. 1983. *Monilinia vaccinii-corymbosi* （*Sclerotiniaceae*）: its biology on blueberry and comparison with related species. Mycologia 75, 131–152.
49 Policha *et al*. 2016. Disentangling visual and olfactory signals in mushroom-mimicking *Dracula* orchids using realistic three-dimensional printed flowers. New Phytol 210, 1058–1071.
50 Lev-Yadun S. 2018. Müllerian and Batesian mimicry out, Darwinian and Wallacian mimicry in, for rewarding/rewardless flowers. Plant Signal Behav. 13, e1480846.
51 Phukhamsakda et al. 2022. The numbers of fungi: contributions from traditional taxonomic studies and challenges of metabarcoding. Fungal Diversity 114, 327–386.
52 《孟子・盡心下》
53 Vanhanen *et al*. 2014. Cultivation of Pakuri （Inonotus obliquus） - potential for new income source for forest owners. The 10th International mycological congress : Queen Sirikit National Convention Center （QSNCC） Bangkok, Thailand （http://www.fabinet.up.ac.za/newsitem/112-MC10%20eBook%20of%20Abstracts.pdf）
54 Verkasalo *et al*. 2017. Current and future products as the basis for value chains of birch in Finland. Conference: 6th International Scientific Conference on Hardwood Processing, Sept 25–28, Lahti, Finland.
55 安娜・羅文豪普特・秦（Anna Lowenhaupt Tsing），末日松茸：資本主義廢墟世界中的生活可能（譯者：謝孟璇）。八旗文化，台北，2018。
56 Yamanaka *et al*. 2020. Advances in the cultivation of the highly-prized ectomycorrhizal mushroom *Tricholoma matsutake*. Mycoscience 61, 49–57.
57 Vaario *et al*. 2015. Fruiting pattern of *Tricholoma matsutake* in southern Finland. Scand J For Res 30, 259–265.
58 Bergius N & Danell E. 2000. The Swedish matsutake （*Tricholoma nauseosum* syn. *T. matsutake*）: distribution, abundance and ecology. Scan. J For Res 15: 318–325.
59 周綠蘋，1983，The basic research on *Tricholoma matsutake* var formosana sawada of Taiwan。臺灣大學，植物科學研究所，碩士論文。

60 Illuminating the hidden kingdom of the truffle （https://www.cam.ac.uk/research/features/illuminating-the-hidden-kingdom-of-the-truffle）

61 American Truffle Company （https://www.americantruffle.com/）

62 Thomas P & Büntgen U. 2017. New UK truffle find as a result of climate change. Climate Research （2017）. DOI: 10.3354/cr01494.

63 Davison N. 2018. Truffle economy: how a UK scientist sniffed out a culinary opportunity. Financial Times. https://www.ft.com/content/db8ba2ea-4298-11e8-93cf-67ac3a6482fd.

64 臺灣英文新聞／生活組 綜合報導，2021，〈林地淘金！〉臺灣發現頂尖食材白松露原生種，林業試驗所預估：8年栽培完成，10年內可量產。https://www.taiwannews.com.tw/ch/news/4164457

65 環境資訊中心特約記者 廖靜蕙報導，2019，歷時五年調查世界新種「深脈松露」發表揭開臺灣真菌多樣性珍寶。https://e-info.org.tw/node/216781

66 Lin *et al.* 2018. *Tuber elevatireticulatum* sp. nov., a new species of whitish truffle from Taiwan. Bot Stud 59, 25 （2018）.

67 Simard *et al.* 1997. Net transfer of carbon between ectomycorrhizal tree species in the field. Nature 388, 579–582.

68 Demain AL & Fang A. 2000. The natural functions of secondary metabolites. Adv Biochem Eng Biotechnol. 69, 1–39.

69 Avalos J & Limón MC. 2022. Fungal Secondary Metabolism. Encyclopedia 2, 1–13.

70 Xie et al. 2019. Carbon metabolism, transcriptome and RNA editome in developmental paths differentiation of *Coprinopsis cinerea*. BioRxiv doi: https://doi.org/10.1101/819201.

71 Mendoza G. 2015. Isolation and Characterization of Bioactive Metabolites from Fruiting Bodies and Mycelial Culture of *Ganoderma oerstedii* （Higher Basidiomycetes） from Mexico. International Journal of Medicinal Mushrooms 17, 501–509.

72 Frank *et al.* 2010. Aquatic gilled mushrooms: *Psathyrella* fruiting in the Rogue River in southern Oregon. Mycologia 102, 93–107.

73 Water potential. https://bio.libretexts.org/Bookshelves/Botany/Botany_（Ha_Morrow_and_Algiers）/Unit_3%3A_Plant_Physiology_and_Regulation/17%3A_Transport/17.01%3A_Water_Transport/17.1.01%3A_Water_Potential

74 Watkinson S. 2016. The Fungi （Third Edition）, Chapter 5 - Physiology and Adaptation. Pp. 141–187.

75 Li et al. 2016. Genome sequencing and evolutionary analysis of marine gut fungus *Aspergillus sp.* Z5 from *Ligia oceanica.*

Evolutionary Bioinformatics 12, 1–4.
76 Kumar et al. 2021. Ecology and evolution of marine fungi with their adaptation to climate change. Front. Microbiol., Sec. Aquatic Microbiology https://doi.org/10.3389/fmicb.2021.719000.
77 Gonçalves et al. 2022. Marine fungi: Opportunities and challenges. Encyclopedia 2, 559–577.
78 Pang et al. 2011. Marine mangrove fungi of Taiwan. National Taiwan Ocean University. Chilung.
79 Jones et al. 2013. Distribution of Marine Fungi and Fungus-Like Organisms in the South China Sea and Their Potential Use in Industry and Pharmaceutical Application. Malaysian Journal of Science 32（SCS Sp Issue）: 95-106.
80 Pavlík et al. 2020. Evaluation of the carbon dioxide production by fungi under different growing conditions. Curr Microbiol 77, 2374–2384.
81 室內空氣品質標準。https://law.moj.gov.tw/LawClass/LawAll.aspx?pcode=O0130005
82 食品碳足跡。https://www.americanmushroom.org/main/sustainability/
83 Global Forest Resources Assessment 2010。https://www.fao.org/3/i1757e/i1757e.pdf
84 Hassett *et al.* 2015. Mushrooms as Rainmakers: How Spores Act as Nuclei for Raindrops. PLoS ONE 10, e0140407.
85 Herrán et al. 2008. Effects of ultrasound on culture of Aspergillus terreus. J Chem Technol Biotechnol 83, 593–600.
86 Saigusa *et al.* 2015. Effects of sound waves on the enzyme activity of rice-koji. African J Biochem Res 9, 35-39.
87 Ibrahim *et al.* 2017. Enhancing growth and yield of grey oyster mushroom（*Plearotus sajor-caju*）using different acoustic sound treatments. MATEC Web of Conferences 97, 01054.
88 Mazidi *et al.* 2019. The growth morphology and yield of grey oyster mushrooms（*Pleurotus sajor-caju*）subjected to different durations of acoustic sound treatment. IOP Conf. Series: Materials Science and Engineering 767, 012013
89 Dehghani *et al.* 2007. Investigation and evaluation of ultrasound reactor for reduction of fungi from sewage. J Zhejiang Univ Sci B. 8, 493–497.
90 大英百科全書，車諾比電廠爆炸https://www.britannica.com/event/Chernobyl-disaster
91 Rantavaara A. 1987. Radioactivity of vegetables and mushrooms in Finland after the Chernobyl accident in 1986. Supplement 4 to Annual Report STUK-A55.（https://inis.iaea.org/collection/NCLCollectionStore/_Public/19/001/19001484.pdf）
92 食品中原子塵或放射能汙染安全容許量標準修正總說明（https://gazette.nat.gov.tw/EG_FileManager/eguploadpub/

eg022011/ch08/type1/gov70/num26/images/Eg01.pdf)

93 M E M O/11/215. Questions and Answers: Safety of food products imported from Japan. Brussels, 1st April 2011. (https://ec.europa.eu/commission/presscorner/detail/en/MEMO_11_215).

94 Orizaola G. 2019. Chernobyl has become a refuge for wildlife 33 years after the nuclear accident. The Conversation UK (https://theconversation.com/chernobyl-has-become-a-refuge-for-wildlife-33-years-after-the-nuclear-accident-116303)

95 Radiation & Nuclear Safety Authority. 2008. Guidelines for handling of mushrooms (https://www.ruokavirasto.fi/globalassets/tietoa-meista/julkaisut/esitteet/elintarvikkeet/guidelines_for_handling_of_mushrooms.pdf)

96 Durrell LD & Shields LM. 1960. Fungi isolated in culture from soil of the Nevada test site. Mycologia 52, 636–641.

97 Dadachova E & Casadevall A. 2008. Ionizing radiation: how fungi cope, adapt, and exploit with the help of melanin. Curr Opin Microbiol. 11, 525–531.

98 Grishkan I. 2011. Ecological Stress: Melanization as a response in fungi to radiation. In: Horikoshi K. (eds) Extremophiles Handbook. Springer, Tokyo. https://doi.org/10.1007/978-4-431-53898-1_54.

99 Singaravelan et al. 2008. Adaptive melanin response of the soil fungus *Aspergillus niger* to UV radiation stress at "Evolution Canyon", Mount Carmel, Israel. PLoS One. 3, e2993.

100 Dadachova et al. 2007. Ionizing radiation changes the electronic properties of melanin and enhances the growth of melanized fungi. PLoS ONE 2, e457.

101 Dighton *et al.* 2008. Fungi and ionizing radiation from radionuclides. FEMS Microbiol Lett 281, 109-120.

102 Dighton *et al.* 2008. Interactions of Fungi and Radionuclides in Soil. In: Dion P., Nautiyal CS. (eds) Microbiology of Extreme Soils. Soil Biology, vol 13. Ch. 16.

103 Das J. 1991. Influence of potassium in the agar medium on the growth pattern of the filamentous fungus *Fusarium solani*. Appl Environ Microbiol 57, 3033.

104 Aiking H &Tempest DW. 1977. Rubidium as a probe for function and transport of potassium in the yeast *Candida utilis* NCYC-321 grown in chemostat culture. Arch Microbiol 115, 215–221.

105 Connolly et al. 1998. Translocation and incorporation of strontium carbonate derived strontium into calcium oxalate crystals by the wood decay fungus *Resinicium bicolor*. Can J Bot 77, 179–187.

106 White C & Gadd GM. 1990. Biosorption of radionuclides by fungal biomass. J Chem Tech Biotech 49, 331–343.

107 Mahmoud YA-G. 2004. Uptake of radionuclides by some fungi. Mycobiology 32, 110–114.

108 Zhdanova *et al.* 1991. Interaction of soil micromycetes with 'hot' particles in a model system. Microbiologichny Zhurnal 53, 9–17.

109 Drissner *et al.* 1998. Availability of caesium radionuclides to plants–classification of soils and role of mycorrhiza. J Environ Radioactiv 41, 19–32.

110 Gray *et al.* 1996. The physiology of basidiomycete linear organs III. Uptake and translocation of radiocaesium within differentiated mycelia of *Armillaria* spp. growing in microcosms and in the field. New Phytol 132, 471–482.

111 Baeza *et al.* 2002. Transfer of 134 Cs and 85 Sr to *Pleurotus eryngii* fruiting bodies under laboratory conditions: A compartmental model approach. Bull Environ Contam Toxicol 69, 817–828.

112 Dighton J & Horrill AD. 1988. Radiocaesium accumulation in the mycorrhizal fungi *Lactarius rufus* and *Inocybe longicystis*, in upland Britain. Trans Brit Mycol Soc 91, 335–337.

113 White R. 2022. What Is Happening to Wildlife Inside the Chernobyl Exclusion Zone After Russian Invasion? Newsweek.（https://www.newsweek.com/what-happening-wildlife-inside-chernobyl-exclusion-zone-after-russian-invasion-1685863）

114 Gewin V. 2021. Tracking Chernobyl's effects on wildlife. Nature 595, 464–464.

115 Kuo HC. 2008. Sexual mating in *Neurospora crassa*. The University of Edinburgh, UK. PhD thesis.

116 Makimura *et al.* 2001. Fungal flora on board the Mir-Space Station, identification by morphological features and ribosomal DNA sequences. MicrobioI ImmunoI 45, 357–363.

117 Gomoiu *et al.* 2016. Fungal spores viability on the international space station. Orig Life Evol Biosph 46, 403–418.

118 Knox *et al.* 2016. Characterization of *Aspergillus fumigatus* isolates from air and surfaces of the International Space Station. mSphere 1, e00227–16.

119 Gomoiu *et al.* 2013. The effect of spaceflight on growth of *Ulocladium chartarum* colonies on the International Space Station. PLoS ONE 8, e62130.

120 International Space Station（ISS）. 2020. Microbiology applications from fungal research in space. International Space Station Benefits for Humanity 3rd Edition.

121 NASA's Journey to Mars（https://www.nasa.gov/content/nasas-journey-to-mars）

122 Frazer J. 2016. Fungi in Space!If you can make it on Earth, can you make it on “Mars”? Scientific American（https://blogs.scientificamerican.com/artful-amoeba/fungi-in-space/）
123 Onofri et al. 2015. Survival of antarctic cryptoendolithic fungi in simulated martian conditions on board the international space station. Astrobiology 15, 1052-1059.
124 Wall M. 2016. Fungi survive Mars-like conditions on Space Station（https://www.space.com/31772-fungi-survive-mars-conditions-space-station.html）
125 Smith JF. 1993. The mushroom industry. In: Jones, D.G.（eds）Exploitation of Microorganisms. Springer, Dordrecht. https://doi.org/10.1007/978-94-011-1532-2_10.
126 中國農村復興委員會、臺灣省政府農林廳，《洋菇栽培》（臺北：中國農村復興委員會，1966），頁6。
127 聯合報，1958.02.27，第三版。
128 劉欣蓉，2011，《公寓的誕生》，國立臺灣大學建築與城鄉研究所，博士論文，頁158。
129 鄭燮，1993，〈洋菇——臺灣洋菇產業之滄桑〉，農業試驗所特刊第36號，頁379-388。
130 南投縣中和國民小學，五〇年代校史，（https://chops.ntct.edu.tw/p/16-1084-30022.php）。
131 洪長源，《深耕竹塘》（彰化：竹塘鄉公所，2012），頁120-154。
132 2020年產銷班專刊（https://ebook.afa.gov.tw/afa/afaEbook2022032901/files/basic-html/page28.html）
133 上下游新聞，〈苑裡老農的共同回憶—洋菇〉（https://www.newsmarket.com.tw/blog/42709/）
134 莊雅涵，2009，《霧峰洋菇到金針菇的地方調適》，國立臺灣師範大學，碩士論文，頁44。
135 陳敏媛，2007，《產銷計畫下的臺灣洋菇罐頭業（1961-1990）》，國立暨南國際大學，碩士論文，頁3。
136 食品工業發展研究所（https://www.firdi.org.tw/Firdi_ImportantEvents.aspx）
137 臺灣農業故事館，〈臺灣菇類產業發展概況〉（https://theme.coa.gov.tw/theme_list.php?theme=storyboard&pid=53）
138 范燕秋，2018，〈美援、農復會與1950年代臺灣的飲食營養措施—以美援相關檔案為中心〉，國史館館刊，第五十五期（2018年3月），頁83-126。
139 李國欽、黃慶嬰、胡開仁，〈洋菇栽培材料中殘餘汞量與堆肥中含汞量之相關關係〉，臺灣區第五屆洋菇學術討論會報告，中華民國六十五年十二月。
140 李國欽、黃慶嬰、何銘樞，〈處理堆肥減少洋菇吸汞量方法之探討〉，臺灣區第五屆洋菇學術討論會報告，中華民國六十五年十二月。
141 政府資料開放平台，臺灣地區蔬菜生產概況——菇類。（https://data.gov.tw/dataset/9554）
142 Vesala *et al.* 2019. Termite mound architectureregulates nest temperature and correlates with species identities of symbiotic fungi. Peer J 6, e6237
143 Visser *et al.* 2011. *Pseudoxylaria* as stowaway of the fungus-growing termite nest: interaction asymmetry between *Pseudoxylaria*, *Termitomyces* and free-living relatives. Fungal Ecol 4, 322–332
144 Katariya *et al.* 2018. Dynamic environments of fungus-farming termite mounds exert growth-modulating effects on fungal crop parasites. Environ Microbiol 20, 971–979.
145 Katariya *et al.* 2017. Fungus-farming termites selectively bury weedy fungi that smell different from crop fungi. J Chem Ecol 43, 986–995.
146 Hurley *et al.* 2007. A comparison of the control results for the alien invasive woodwasp, Sirex noctilio, in the southern hemisphere. Agri For Entomol 9, 159–171.
147 SSPR. 2006. Sirex Science Panel Report. Indianapolis, IN.
148 Haugen DA & Hoebeke RE. 2005. Pest alert: Sirex woodwasp-Sirex noctilio F. (Hymenoptera; Siricidae). USDA Forest Service Northeastern Area State and Private Forestry, 11 Campus Boulevard, Suite 200, Newtown Square, PA 19073.
149 Hajek *et al.* 2013. Fidelity among Sirex woodwasps and their fungal symbionts. Microb Ecol 65, 753–762
150 Lainé LV& Wright D. 2013. The life cycle of *Reticulitermes* spp. (Isoptera: Rhinotermitidae): What do we know? Bull Entomol Res 93, 267–378.
151 Matsuura K. 2006. Termite-egg mimicry by a sclerotium-forming fungus. Proc Biol Sci 273, 1203–1209.
152 Heisel *et al.* 2017. High-fat diet changes fungal microbiomes and interkingdom relationships in the murine gut. mSphere 2, e00351–17.
153 Hallen-Adams HE & Suhr MJ. 2017. Fungi in the healthy human gastrointestinal tract. Virulence 8, 352–358.
154 Chen *et al.* 2018. Gut bacterial and fungal communities of the domesticated silkworm （*Bombyx mori*） and wild mulberry-feeding relatives. The ISME J 12, 2252–2262.
155 Ravenscraft *et al.* 2019. No evidence that gut microbiota impose a net cost on their butterfly host. Mol Ecol. 28, 2100–2117.

156 Orpin CG. 1975. Studies on the rumen flagellate *Neocallimastix frontalis*. J Gen Microbiol 91, 249–262.

157 Van Laere AJ. 1988. Effect of electrical fields on polar growth of *Phycomyces blakesleeanus*. FEMS Microbiol Lett 49, 111–116.

158 McGillivray AM. & Gow NAR. 1986. Applied electrical fields polarize the growth of mycelial fungi. J Gen Microbiol 132, 2515–2525

159 Takaki *et al*. 2018. High-voltage methods for mushroom fruit-body developments. In Physical methods for stimulation of plant and mushroom development. Mohamed A. El-Esawi（ed.）. 10.5772/intechopen.69094.

160 Morris BM & Gow NAR. 1993. Mechanism of electrotaxis of zoospores of phytopathogenic fungi. Phytopathology 83, 877–882.

161 Adamatzky A. 2018. On spiking behaviour of oyster fungi *Pleurotus djamor*. Scientific Reports 8, 7873.

162 Deutsch J. 2010. Darwin and barnacles. C R Biologies 333, 99–106.

163 Saxena *et al*. 1999. Phytoremediation of heavy metal contaminated and polluted soils. in *Heavy Metal Stress in Plants: From Molecules to Ecosystems* eds Prasa M. N. V., Hagemeyer J. (New York: Springer;) 305–329.

164 Dutta *et al*. 2018. Oxidative and genotoxic damages in plants in response to heavy metal stress and maintenance of genome stability. Plant Signal Behav 13, e1460048.

165 Gadd GM. 1994. Interactions of fungi with toxic metals. In: Powell KA, Renwick A, Peberdy JF.（eds）The genus aspergillus. Federation of European Microbiological Societies Symposium Series, vol 69. Springer, Boston, MA.

166 Harbhajan Singh H. 2006. Mycoremediation: Fungal Bioremediation. Chapter 12. John Wiley & Sons, Inc.

167 Nnenna *et al*. 2011. Degradation of antibiotics by bacteria and fungi from the aquatic environment. J Toxicol Environ Health Sci 3, 275-285.

168 黃檠揚，呂昀陞，2018〈草菇簡史〉，農業世界雜誌，10月號，422期。

169 張樹庭，1975，《草菇》，世界圖書公司。

170 菇的基本概念——彰化縣食用菌生產合作社。（http://www.chmpc.artcom.tw/ap/cust_view.aspx?bid=134）

171 Cavendish R. 2015. Discovery of the Lascaux Cave Paintings.（https://www.historytoday.com/archive/months-past/discovery-lascaux-cave-paintings）

172 Caselli *et al*. 2018. Characterization of biodegradation in a 17th century easel painting and potential for a biological

approach. PLoS ONE 13, e0207630.
173 Van Court RC. 2020. Optimizing xylindein from *Chlorociboria* spp. for (opto)electronic applications. Processes 8, 1477.
174 Wasser et al. 2005. Encyclopedia of Dietary Supplements. New York: Marcel Dekker; 2005. Reishi or Lingzhi （*Ganoderma lucidum*） pp. 680–690.
175 McMeekin D. 2005. The perception of *Ganoderma lucidum* in Chinese and Western culture. Mycologist 18, 165–169.
176 吳興亮，2013，《中國藥用真菌》，科學出版社出版，中國。
177 Kwaśna H & Kuberka A. 2020. Fungi in public heritage buildings in Poland. Pol J Environ Stud 29, 3651–3662.
178 Bischof *et al.* 2016. Cellulases and beyond: the first 70 years of the enzyme producer *Trichoderma reesei*. Microb Cell Fact 15, 106.
179 山崎嘉夫，1920，《濁水溪上流地域治水森林調查書》。臺灣總督府營林局林務課。
180 Buller AHR. 1909. Researches on Fungi. Longman, New York, vol. 1; 287 pp.
181 Lanzendorfer J. 2017. How Beatrix Potter Invented Character Merchandising （https://www.smithsonianmag.com/arts-culture/how-beatrix-potter-invented-character-merchandising-180961979/）
182 Yu *et al.* 2021. Metabolic engineering in woody plants: challenges, advances, and opportunities. *aBIOTECH* 2, 299–313.
183 Novaes *et al.* 2010. Lignin and biomass: a negative correlation for wood formation and lignin content in trees. Plant Physiol 154, 555–561.
184 Kuo *et al.* 2015. Potential roles of laccases on virulence of *Heterobasidion annosum* s.s. Microb Pathog 81, 16–21.
185 Richter et al. 2014. Engineering of *Aspergillus niger* for the production of secondary metabolites. Fungal Biol Biotechnol. 1, 4.
186 方盈禎，2006，台北地區大氣中真菌孢子與真菌過敏原之粒徑分佈與特性探討。臺北醫學大學公共衛生學系暨研究所學位論文，碩士論文。
187 王明煌，2007，台北地區大氣中內毒素與真菌過敏原之特性與決定因子。臺北醫學大學公共衛生學系暨研究所學位論文，碩士論文。
188 范鳳蓁，2010，教室空氣品質對學童健康及學習效率之影響。臺北醫學大學公共衛生學系暨研究所學位論文，碩士論文。
189 李孟霏，2010，臺北地區大氣中生物性微粒之時空分佈及健康效應。臺北醫學大學公共衛生學系暨研究所學位論文，碩士論文。

190 Minahan et al. 2022. Fungal spore richness in school classrooms is related to surrounding forest in a season-dependent manner. Microb Ecol 84, 351–362.

191 Anees-Hill et al. 2022. A systematic review of outdoor airborne fungal spore seasonality across Europe and the implications for health. Sci Total Environ 818, 151716.

192 Ianovici et al. 2013. Variation in airborne fungal spore concentrations in four different microclimate regions in Romania. Not Bot Horti Agrobot Cluj-Napoca 41, 450.

193 Bush RK & Prochnau JJ. 2004. Alternaria-induced asthma. J. Allergy Clin. Immunol. 113, 227–234.

194 Gilbert GS. 2005. Nocturnal fungi: Airborne spores in the canopy and understory of a tropical rain forest. Biotropica 37, 462–464.

195 Pickova *et al.* 2021. Aflatoxins: history, significant milestones, recent data on their toxicity and ways to mitigation. Toxins 13, 399

196 Malloy CD & Marr JS. 1997. Mycotoxins and public health: a review. JPHMP 3, 61-69.

197 Marr JS & Malloy CD. 1996. An epidemiologic analysis of the ten plagues of Egypt. *Caduceus* 12, 7–24.

198 Lee MR. 2009. The history of ergot of rye (*Claviceps purpurea*) I: from antiquity to 1900. The Journal of the Royal College of Physicians of Edinburgh 39,179–184.

199 Pitt JI & Miller JD. 2017. A concise history of mycotoxin research. J Agric Food Chem 65, 7021–7033.

200 楊重光，1981，〈土麴菌震顫素之研究：分離，檢定法，分子構造〉，國立臺灣大學，博士論文。

201 Reddy BN & Raghavender CR. 2007. Outbreaks of Aflatoxicoses in India. African Journal of Food, Agriculture, Nutrition and Development 7(5). DOI: 10.18697/ajfand.16.2750

202 Probst *et al.* 2007. Outbreak of an acute aflatoxicosis in Kenya in 2004: identification of the causal agent. Appl Environ Microbiol. 73, 2762–2764.

203 Eskola *et al.* 2020. Worldwide contamination of food-crops with mycotoxins: Validity of the widely cited 'FAO estimate' of 25. Crit Rev Food Sci Nutr. 60, 2773–2789.

204 Kawasaki *et al.* 2021. Piglets can secrete acidic mammalian chitinase from the pre weaning stage. Scientific Reports 11, 1297

205 Emerling *et al.* 2018. Chitinase genes （CHIAs） provide genomic footprints of apost-Cretaceous dietary radiation in placental mammals. Sci. Adv.2018;4:eaar6478
206 Tabata *et al.* 2017. Gastric and intestinal proteases resistance of chicken acidic chitinase nominates chitin-containing organisms for alternative whole edible diets for poultry. Scientific Reports 7, 6662.
207 Tabata *et al.* 2018. Chitin digestibility is dependent on feeding behaviors, which determine acidic chitinase mRNA levels in mammalian and poultry stomachs. Scientific Reports 8,1461.
208 Ma *et al.* 2018. Acidic mammalian chitinase gene is highly expressed in the special oxyntic glands of *Manis javanica*. FEBS Open Bio. 8: 1247–1255.
209 Sande *et al.* 2019. Edible mushrooms as a ubiquitous source of essential fatty acids. Food Research International 125, 108524
210 政府研究資訊系統（https://www.grb.gov.tw/）
211 適合商業乳牛場使用之廢菇包青貯料之開發（https://www.grb.gov.tw/search/planDetail?id=2923914）
212 開發從金針菇太空包菇頭萃取多醣體的技術（https://www.grb.gov.tw/search/planDetail?id=13008466）
213 應用猴頭菇作為免疫刺激物以改善蝦類免疫及抗病力（https://www.grb.gov.tw/search/planDetail?id=1933715）
214 應用杏鮑菇副產物生產低膽固醇蛋品（https://www.grb.gov.tw/search/planDetail?id=2303801）
215 菇類保健飼料添加物研發與商品化（https://www.grb.gov.tw/search/planDetail?id=13226249）
216 Wiebe MG. 2002. Myco-protein from *Fusarium venenatum*: a well-established product for human consumption. Appl Microbiol Biotechnol 58, 421–427.
217 Wu *et al.* 2011. Production of L-lactic acid by Rhizopus oryzae using semicontinuous fermentation in bioreactor. J Ind Microbiol Biotechnol 38, 565–571.
218 Kalra *et al.* 2020. Fungi as a potential source of pigments: harnessing filamentous fungi. Front Chem 8, 369.
219 M ori knowledge and use of fungi （https://www.sciencelearn.org.nz/resources/2668-maori-knowledge-and-use-of-fungi?fbclid=IwAR3-qhZda39Q3_cW3w8UELd0cQI_PCIIgOb5Ue0UDlLrecYrbe0kKJkjEds）
220 Peng *et al.* 2021. Research progress on phytopathogenic fungi and their role as biocontrol agents. Front. Microbiol 12, 670135
221 Kuo et al. 2014. Secret lifestyles of *Neurospora crassa*. Sci Rep 4, 5135 (2014)

延伸閱讀

不是達爾文的鴿子

Hancock JF. 2004, Plant evolution and the origin of crop species. 2nd Ed. CABI Publishing, Cambridge, MA

Rokas A. 2009. The effect of domestication on the fungal proteome. Trends Genet 25, 60–63.

向上的力量

Corrochano LM & Galland P. 2016. 11 Photomorphogenesis and gravitropism in fungi. In: Wendland, J. （eds） Growth, differentiation and sexuality. The Mycota, vol 1. Springer, Cham. DOI:10.1007/978-3-319-25844-7_11.

看見七色彩虹

Dunlap JC & Loros JJ. 2017. Making time: conservation of biological clocks from fungi to animals. Microbiol Spectr 5, 10.1128/microbiolspec.FUNK-0039-2016.

Sharma S & Meyer V. 2022. The colors of life: an interdisciplinary artist-in-residence project to research fungal pigments as a gateway to empathy and understanding of microbial life. Fungal Biol Biotechnol 9, 1.

埃及豔后與木乃伊

Kaiser R. 2006. Flowers and fungi use scents to mimic each other. Science 311, 806–807.

Policha *et al.* 2016. Disentangling visual and olfactory signals in mushroom-mimicking Dracula orchids using realistic three-dimensional printed flowers. New Phytol 210, 1058–1071.

糾結不糾結

Averill *et al.* 2018. Continental-scale nitrogen pollution is shifting forest mycorrhizal associations and soil carbon stocks. Glob Change Biol 2018, 1–10.

State of Finland's Forests 2012: Finnish forests and forest management in a nutshell: History of forest management（http://www.metla.fi/metinfo/sustainability/SF-1-history-of-forest.htm）

Mina *et al.* 2021. Inoculation success of *Inonotus obliquus* in living birch（Betula spp.）. For Ecol Manag 492, 119244.

Krieger LCC. 1936. The Mushroom Handbook. The Macmillan Company, New York.

Palmén J. 2016. Matsutake: mushroom of the year - or millenium? FUNGI 8:5, 40–48.

SureHarvest. 2017. The Mushroom Sustainability Story: Water, energy, and climate environmental metrics.

李桃生，2015，森林資源現況與展望行政院農業委員會行政院第3465次院會會議。

靈芝王與靈芝

Halpern GM & Miller AH. 2002. Medicinal Mushrooms: Ancient Remedies for Modern Ailments. M. Evans & Company; First edition

Vinale et al. 2014. *Trichoderma* secondary metabolites active on plants and fungal pathogens. The Open Mycol J, 2014, 8,（Suppl-1, M5） 127–139.

Tian *et al.* 2020. A cosmopolitan fungal pathogen of dicots adopts an endophytic lifestyle on cereal crops and protects them from major fungal diseases. The ISME J 14, 3120–3135.

SSPR. 2006. Sirex Science Panel Report. Indianapolis, IN.

呼吸一口溫度

蒙家嬋，謝慶昌，2006，溫度對香菇太空包氣體組成及菌絲生長之影響，興大園藝（Horticulture NCHU） 31, 73–79。

留在車諾比

Fredrickson *et al.* 2004. Geomicrobiology of highlevel nuclear waste-contaminated vadose sediments at the Hanford site, Washington state. Appl Environ Microbiol 70, 4230–4241.

Ledford H. 2007. Hungry fungi chomp on radiation: Common pigment may allow bizarre feeding habits. Nature.

doi:10.1038/news070521-5.

Zhdanova *et al.* 2004. Ionizing radiation attracts soil fungi. Mycol Res 108, 1089–1096.

Tkavc *et al.* 2018. Prospects for fungal bioremediation of acidic radioactive waste sites: Characterization and genome sequence of *Rhodotorula taiwanensis* MD1149. Front Microbiol 8, 2528.

太空之旅

Franco *et al.* 2017. Spontaneous circadian rhythms in a cold-adapted natural isolate of *Aureobasidium pullulans* . Sci Rep 7, 13837

養活一代臺灣人

張素玢，2014，《濁水溪三百年：歷史．社會．環境》。衛城出版，臺灣。

陳錦桐，彭金騰，2013，臺灣洋菇：環控周年生產的進行式。農業試驗所技術服務．2013年06月。94期 pp 6–10。

顧曉哲，2021，罐頭裡的經濟奇蹟，台電月刊706期pp49-51

雷公菇傳奇

Katariya *et al.* 2018. Dynamic environments of fungus-farming termite mounds exert growth-modulating effects on fungal crop parasites. Environ Microbiol 20, 971–979.

Katariya *et al.* 2017. Fungus-farming termites selectively bury weedy fungi that smell different from crop fungi. J Chem Ecol 43, 986–995.

Joshi *et al.* 2018. Bacterial Nanobionics via 3D Printing. Nano Lett 18, 7448–7456.

Forbes *et al.* 2018. A fungal world: could the gut mycobiome be involved in neurological disease? Front Microbiol 9, 3249.

Hallen-Adams HE & Suhr MJ. 2017. Fungi in the healthy human gastrointestinal tract. Virulence 8, 352–358.

Hurley et al. 2007. A comparison of the control results for the alien invasive woodwasp, Sirex noctilio, in the southern hemisphere. Agric For Entomol 9, 159–171.

Ngugi HK & Scherm H. 2006. Mimicry in plant-parasitic fungi. FEMS Microbiol Lett 257, 171–176.

Rojas-Jiménez K & Hernández M. 2015. Isolation of fungi and bacteria associated with the guts of tropical wood-feeding coleoptera and determination of their lignocellulolytic activities. Int J Microbiol 2015, 285018.

Schluter J & Foster KR. 2012. The evolution of mutualism in gut microbiota via host epithelial selection. PLoS Biol 10,

e1001424.
Naef *et al.* 2002. Insect-mediated reproduction of systemic infections by *Puccinia arrhenatheri* on *Berberis vulgaris*. New Phytol 154, 717–730.
Danninger *et al.* 2022. MycelioTronics: Fungal mycelium skin for sustainable electronics. Sci Adv 8, eadd7118.
顧曉哲，2020，從一朵菇看電力地球，台電月刊695期 pp48-51

重金屬不搖滾

Pande *et al.* 2022. Microbial interventions in bioremediation of heavy metal contaminants in agroecosystem. Front Microbiol 13, 824084.
Revah *et al.* 2011. Fungal biofiltration for the elimination of gaseous pollutants from air. Mycofactories 2011, 109–120.

水仙宮市場

顧曉哲，2021，稻草堆上的鮮味，台電月刊699期 pp49-51

被吃掉的文化遺產

Ma *et al.* 2015. The community distribution of bacteria and fungi on ancient wall paintings of the Mogao Grottoes. Sci Rep 5, 7752.
Carey J. 2016. Science and culture: musical genes. PNAS. 113,1958–9.
郭俊佑，2008，廟宇彩繪之吉祥圖案應用於觀光禮品設計之研究。南華大學 應用藝術與設計學系 碩士論文。
國立臺灣藝術大學，古蹟藝術修護學系，2014，金門縣國定古蹟瓊林蔡氏祠堂彩繪調查研究與維護計畫， 成果報告書。
陳如楓，2003，《陳玉峰廟宇彩繪藝術之研究》，屏東師範學院視覺藝術教育學系 碩士論文。
鐘雯莉，2011，《真實性精神落實於臺灣古蹟修復之現況：以寺廟彩繪修復為例》，國立台南藝術大學博物館學與古物維護研究所，碩士論文。
解惟棠、夏滄琪，2009，國史館典藏庫房空中真菌相之調查。國史館館訊03期 p79–92。
顧曉哲，2021，被一點一滴吃掉的畫作，台電月刊702 期 pp49-51

雕梁畫棟有真菌

黃淑貞，2006，以石傳情——談廟宇石雕意象及其美感。國立臺灣藝術教育館，台北市。

韓學宏，2016，臺灣寺廟彩繪的研究——以花鳥彩繪為例。長庚人文社會學報9, 2, 177–220。

臺北市政府古蹟歷史建築紀念建築聚落建築群考古遺址史蹟及文化景觀審議會第109次會議紀錄 中華民國107年8月27日（星期一）上午9時30分。

Barber PA & Keane PJ. 2007. A novel method of illustrating microfungi. Fungal Divers 27, 1–10.

未來菇舍

Meyer V. 2019. Merging science and art through fungi. Fungal Biol Biotechnol 6, 5.

Meyer et al. 2016. The art of design. Fungal Genet Biol 89, 1–2.

Nai C & Meyer V. 2016. The beauty and the morbid: fungi as source of inspiration in contemporary art. Fungal Biol Biotechnol 3, 10.

Sterflinger K & Piñar G. 2013. Microbial deterioration of cultural heritage and works of art — tilting at windmills? Appl Microbiol Biotechnol 97, 9637–9646.

在腐生的日子裡

Aleklett K & Boddy L. 2021. Fungal behaviour: a new frontier in behavioural ecology. Trends Ecol Evol 2021, 36787–796.

Agrios GN. 2005. Plant pathology. 5th ed. Elsevier Academic Press; Theobald's Road, London WC1X 8RR, UK.

Bunyard B. 2022. The Lives of Fungi: A Natural History of Our Planet's Decomposers（The Lives of the Natural World）. Princeton University Press. Princeton and Oxyford.

Hiscox *et al.* 2018. Fungus wars: basidiomycete battles in wood decay. Stud Mycol 89, 117–124.

Wei *et al.* 1993. Indoor airborne *Penicillium* species in Taiwan. Curr Microbiol 26, 137.

Bartemes KR & Kita H. 2018. Innate and Adaptive Immune Responses to Fungi in the Airway. J Allergy Clin Immunol 142, 353–363.

食物的逆襲

Quintana-Rodriguez *et al.* 2018. Shared weapons in fungus-fungus and fungus-plant interactions? Volatile organic compounds of plant or fungal origin exert direct antifungal activity in vitro. Fungal Ecol 33, 115–121.

顧曉哲，2020，食物的逆襲，台電月刊689期 pp48-51。

辛巴的蟲子大餐

Overdijk *et al.* 1996. Chitinase levels in guinea pig blood are increased after systemic infection with *Aspergillus fumigatus*. Glycobiology 6, 627–634.

未來肉

Barzee *et al.* 2021. Fungi for future foods. Journal of Future Foood 1-1, 25–37.
Hyde *et al.* 2010. Fungi – An unusual source for cosmetics. Fungal Diversity 43, 1–9.
Hyde *et al.* 2019. The amazing potential of fungi: 50 ways we can exploit fungi industrially. Fungal Div 97, 1–136.
Strong *et al.* 2022. Filamentous fungi for future functional food and feed. Curr Opin Biotechnol 76, 102729.
Newell S. Fungi for the Future. BBC Earth（https://www.bbcearth.com/news/fungi-for-the-future）

索引

九劃

七劃

八劃

十一劃

十劃

十三劃

十二劃

二十一劃

二十二劃

二十四劃

二十五劃

VX0079

日常菇事：一個真菌學家的自然微觀書寫

作　　者——顧曉哲
封面插畫——林哲緯
內頁插畫——顧靖騏

總 編 輯——王秀婷
責任編輯——李華
版權行政——沈家心
行銷業務——陳紫晴、羅仔伶

發 行 人——涂玉雲
出　　版——積木文化
104 台北市民生東路二段 141 號 5 樓
電話：(02)2500-7696　傳真：(02)2500-1953
官方部落格：http://cubepress.com.tw
讀者服務信箱：service_cube@hmg.com.tw

發　　行——英屬蓋曼群島商家庭傳媒股份有限公司城邦分公司
台北市民生東路二段 141 號 11 樓
讀者服務專線：(02)25007718-9
24 小時傳真專線：(02)25001990-1
服務時間：週一至週五 09:30-12:00、13:30-17:00
郵撥：19863813　戶名：書虫股份有限公司
網站　城邦讀書花園｜網址：www.cite.com.tw

香港發行所——城邦（香港）出版集團有限公司
香港九龍九龍城土瓜灣道 86 號順聯工業大廈 6 樓 A 室
電話：+852-25086231　傳真：+852-25789337
電子信箱：hkcite@biznetvigator.com

馬新發行所——城邦（馬新）出版集團 Cite (M) Sdn Bhd
41, Jalan Radin Anum, Bandar Baru Sri Petaling, 57000 Kuala Lumpur, Malaysia.
電話：(603) 90563833　傳真：(603) 90576622
電子信箱：services@cite.my

封面設計——郭家振
內頁排版——薛美惠
製版印刷——上晴彩色印刷製版有限公司

【印刷版】
2024 年 1 月 2 日　初版一刷
售　價／380 元
ISBN／978-986-459-560-0

【電子版】
2024 年 1 月
ISBN／978-986-459-559-4（EPUB）

日常菇事 / 顧曉哲著 . -- 初版 . -- 臺北市 : 積木文化出版 : 英屬蓋曼群島商家庭傳媒股份有限公司城邦分公司發行 , 2024.01
面；　公分
ISBN 978-986-459-560-0 平裝）
1.CST: 真菌
379.1　　112019709